普通高等教育教材

无机及分析化学学习指导

大连工业大学无机及分析化学教研室　主编

WUJI JI
FENXI HUAXUE
XUEXI ZHIDAO

化学工业出版社
·北京·

内容简介

《无机及分析化学学习指导》是配合无机及分析化学理论课使用而编写的，能够帮助学生了解无机及分析化学学习课程的重点、难点。全书共十一章内容，包括：物质的聚集状态，定量分析基础，化学反应的基本原理，酸碱平衡，沉淀生成与溶解平衡，氧化还原平衡与电极电势，配位化合物与配位平衡，原子结构，分子结构与晶体结构，主族元素选论和副族元素选论。

本书主要作为高等院校非化学化工专业学习无机及分析化学的辅导教材使用，也可以作为成人教育、自学考试学生的辅导书，对研究生考试也有很好的参考价值。

图书在版编目（CIP）数据

无机及分析化学学习指导 / 大连工业大学无机及分析化学教研室主编. -- 北京 ：化学工业出版社，2025. 7. --（普通高等教育教材）. -- ISBN 978-7-122-48611-0

Ⅰ. O61；O65

中国国家版本馆 CIP 数据核字第 2025G6U483 号

责任编辑：汪　靓　宋林青　　文字编辑：高　琼　师明远
责任校对：李　爽　　装帧设计：史利平

出版发行：化学工业出版社
（北京市东城区青年湖南街 13 号　邮政编码 100011）
印　　装：北京云浩印刷有限责任公司
787mm×1092mm　1/16　印张 8½　字数 206 千字
2025 年 7 月北京第 1 版第 1 次印刷

购书咨询：010-64518888　　售后服务：010-64518899
网　　址：http://www.cip.com.cn
凡购买本书，如有缺损质量问题，本社销售中心负责调换。

定　　价：29.00 元　

前言

“无机及分析化学”作为化学、化工、轻化、环境、材料、生物、食品等诸多理工科专业的重要基础课程，其理论体系和实践技能构成了后续专业学习的基石。这门课程不仅承载着培养学生科学思维和实验能力的重任，更是连接基础化学与专业课程的桥梁。本书立足于高等教育对创新型人才培养的需求，紧密结合当前教学改革趋势，在内容编排和结构设计上进行了创新性探索。全书以“夯实基础、突出重点、培养能力”为宗旨，将无机化学和分析化学的核心内容有机融合，构建了完整的知识体系。本书既可作为课堂教学的同步辅导用书，也适用于考研复习和自学参考。

本书由大连工业大学无机及分析化学教研室的教师编写，具体分工如下：第 1、5 章由孙丽婧编写，第 2、4 章由许绚丽编写，第 3、8 章由闵庆旺编写，第 6 章由宋宇编写，第 7、9 章由于智慧编写，第 10、11 章由王国香编写。全书由闵庆旺统稿。

本书在编写过程中，得到了大连工业大学各级领导的大力支持，特别是省级教学名师翟滨教授为本书的编写提出了宝贵的意见和建议，在此我们编写小组表示深深的谢意！

由于编者水平有限，书中难免存在疏漏之处，恳请读者批评指正。

编者

2025 年 03 月

目录

第1章
物质的聚集状态

学习要求

① 掌握理想气体状态方程及其应用和计算；理解理想气体模型的特点和实际应用的条件要求。

② 掌握分压定律和分体积定律及其应用计算，理解分压和分体积的概念。

③ 理解溶液、溶质、溶剂的定义；掌握几种浓度（物质的量浓度、质量摩尔浓度、摩尔分数、质量分数和滴定度）的定义和计算方法。

④ 理解电解质的概念、分类；掌握解离度的定义和计算方法，理解表观解离度的定义和产生原因；理解活度的定义和计算方法，理解离子强度的定义和影响因素。

学习要点

1. 理想气体状态方程

理想气体是一种假想模型，这类气体假定气体分子本身不占体积，且气体分子之间没有相互作用力。实际不存在这种气体，可以将高温、低压（温度不低于0℃，压力不高于101.325kPa）的气体近似认为是理想气体。熟练掌握理想气体状态方程：$pV=nRT$，其中n、T、p和V分别为气体的物质的量、温度、压力和体积；使用时注意各物理量的单位，摩尔气体常数$R=8.314\text{Pa}\cdot\text{m}^3\cdot\text{mol}^{-1}\cdot\text{K}^{-1}=8.314\text{J}\cdot\text{mol}^{-1}\cdot\text{K}^{-1}$。理想气体还可以进行变式：根据$n=\dfrac{m}{M}$，有$M=\dfrac{mRT}{pV}$，据此可以计算出气体的摩尔质量或质量；再根据$\rho=\dfrac{m}{V}$，有$\rho=\dfrac{pM}{RT}$，据此可在测得气体的密度$\rho$后计算气体的摩尔质量$M$，并推断其分子式。理想气体状态方程实际给出了气体$n$、$T$、$p$和$V$之间的关系，当其中只有一项或者两项发生变化，其余各项不变时，存在一定的恒等关系：

n一定，有：

$$\frac{p_1V_1}{T_1}=\frac{p_2V_2}{T_2}$$

n、T一定时，有：

$$p_1V_1=p_2V_2$$

T、p一定时，有：

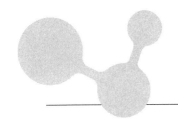

$$\frac{n_1}{n_2}=\frac{V_1}{V_2}$$

n、p 一定时，有：

$$\frac{V_1}{V_2}=\frac{T_1}{T_2}$$

2. 道尔顿分压定律

组分气体的体积与温度和混合气体相同时，该气体产生的压力称为该气体的分压 p_i，混合气体和其中的组分气体均适用理想气体状态方程。混合气体的总压等于各组分气体分压的总和，即 $p_{总}=\sum p_i$。组分气体的分压可以用分压和总压之间的定量关系 $p_i=x_i p_{总}$ 进行计算，需要根据具体情况进行判断。实际工作中，通常先用压力表测出混合气体的总压 p，再测出每种气体的体积分数$\frac{V_i}{V}$。由于气体分析通常在恒温恒压下进行，$\frac{n_i}{n}=\frac{V_i}{V}$，因此组分气体的摩尔分数等于体积分数，气体的分压 p_i 可以通过 $p_i=x_i p=\frac{n_i}{n}p=\frac{V_i}{V}p$ 求得。

3. 溶液

由两种或两种以上不同物质所组成的均匀、稳定的体系称为溶液。溶液的浓度有多种表示方法，在计算这些浓度时应明确分子、分母对应的物理量。具体各类浓度的定义、符号、计算公式和单位列于下表。

浓度种类	定义	计算公式	常用单位
物质的量浓度(c_B)	1L 溶液中所含溶质 B 的物质的量	$c_B=\frac{n_B}{V}=\frac{m_B}{M_B V}$	$mol \cdot L^{-1}$
质量摩尔浓度(b_B)	1000g 溶剂(A)中所含溶质 B 的物质的量	$b_B=\frac{n_B}{m_A}=\frac{m_B}{M_B m_A}$	$mol \cdot kg^{-1}$
摩尔分数(x_B)	溶质 B 的物质的量占溶液总物质的量的比例	$x_B=\frac{n_B}{n_A+n_B}$	量纲为 1
质量分数(w_B)	溶质 B 的质量占溶液总质量的比例	$w_B=\frac{m_B}{m_A+m_B}$	量纲为 1
滴定度(T)	与每毫升标准溶液相当的待测组分的质量(待测组分/标准溶液)		$g \cdot mL^{-1}$

4. 电解质溶液

(1) 电解质和非电解质

物质根据水溶液或熔融态的导电性，分为电解质和非电解质。依据电解质溶液导电能力的强弱可以将电解质分为强电解质和弱电解质。强电解质主要有强酸（HCl、HNO_3、H_2SO_4 等）、强碱［NaOH、KOH、$Ba(OH)_2$ 等］和大多数盐类（NaCl、KNO_3、NaAc 等），弱电解质主要包括弱酸（HAc、HCN、H_3BO_3 等）和弱碱（$NH_3 \cdot H_2O$ 等）。

(2) 表观解离度和活度

需要明确强电解质的表观解离度小于 100%，这是由于强电解质溶解时，溶液中存在大量的阳离子和阴离子，每个阳离子和阴离子周围都包围着大量异号离子，形成“离子氛”，影响了离子自由活动程度和在化学反应中的作用能力，使电解质溶液中离子的有效浓度，即活度小于实际浓度。活度 a 与浓度 c 的关系为：$a=\gamma c$（活度系数 $\gamma<1, a<c$）。当溶液无限稀释时，$\gamma\approx1$，$a\approx c$。

（3）离子强度

$$I=\frac{1}{2}\sum_{i=1}^{n}c_iZ_i^2$$

离子浓度越大，离子带电荷越多，离子强度就越大，活度系数 γ 就越小，活度也就越小。一般化学计算中，对稀溶液可以近似认为 $\gamma=1$。

典型例题

例 1　实验室将 $KClO_3$ 加热分解制 O_2，生成的 O_2 用排水集气法收集。在 25℃、100kPa 时收集得到气体 250mL。计算：

（1）O_2 的物质的量；

（2）在 100kPa、25℃下 O_2 经干燥后的体积。（25℃水的饱和蒸气压为 3.17kPa）

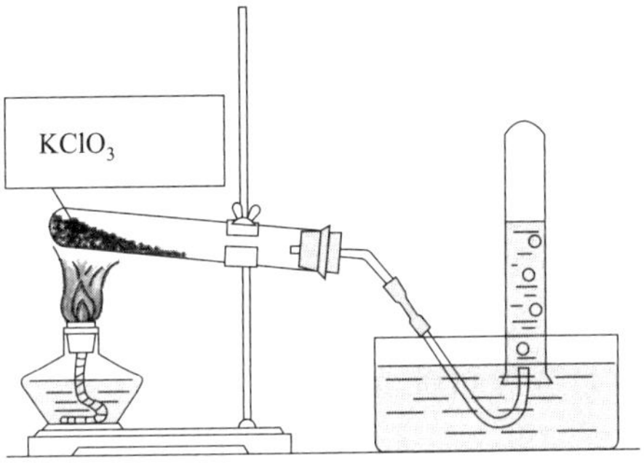

解　根据已知条件，排水集气法收集的气体为氧气与水蒸气的混合气体，混合气体的总压力为 100kPa，此时，水蒸气达到饱和蒸气压，所以，水蒸气的分压力为 3.17kPa，则氧气的分压力为：

$$p_{O_2}=p_{总}-p_{H_2O}=100-3.17=96.83(\text{kPa})$$

根据理想气体状态方程，可以求出氧气的物质的量：

$$n_{O_2}=\frac{p_{O_2}V_{总}}{RT}=\frac{96.83\times250\times10^{-3}}{8.314\times298}=9.77\times10^{-3}(\text{mol})$$

求氧气干燥后的体积，此时氧气压强为总压，干燥前后氧气的物质的量不变，所以，可以根据理想气体状态方程求解：

$$p_{总}V_{O_2}=n_{O_2}RT$$

$$V_{O_2}=\frac{n_{O_2}RT}{p_{总}}=\frac{9.77\times10^{-3}\times8.314\times298}{100}=24.2(\text{L})$$

例 2　实验测得在 230℃、101.3kPa 时，某氮氧化物（NO_x）气体的密度是 $1.12\text{g}\cdot\text{L}^{-1}$，求该氮氧化物的化学式。

解　根据公式

$$\rho=\frac{m}{V}, pV=nRT=\frac{mRT}{M}$$

$$M=\frac{mRT}{pV}=\frac{\rho RT}{p}=\frac{1.12\times 8.314\times(230+273)}{101.3}=46.2(\text{g}\cdot\text{mol}^{-1})$$

氮的原子量为 14，氧的原子量为 16，则：

$$x=\frac{46.2-14}{16}\approx 2$$

所以化学式为 NO_2。

例 3 25℃下，在 50L 的封闭容器中装有 10g 碳和充足的氧，充分燃烧后，容器中的总压为 80kPa，问反应前容器中氧的物质的量。

解 由于容器中氧充足，碳充分燃烧，全部转化为 CO_2，反应结束后容器中的气体是 O_2 和 CO_2 的混合气体。

反应方程式为：$$C(s)+O_2(g)=\!=\!=CO_2(g)$$

$$n_{CO_2}=n_C=\frac{m}{M}=\frac{10}{12}=0.83(\text{mol})$$

$$p_{CO_2}=\frac{n_{CO_2}RT}{V}=\frac{0.83\times 8.314\times(273+25)}{50\times 10^{-3}}=41.13\times 10^3(\text{Pa})=41.13(\text{kPa})$$

$$p_{O_2}=p-p_{CO_2}=80-41.13=38.87(\text{kPa})$$

$$n_{O_2}=\frac{p_{O_2}V}{RT}=\frac{38.87\times 10^3\times 50\times 10^{-3}}{8.314\times(273+25)}=0.78(\text{mol})$$

反应前的 O_2 一部分用于与 C 反应，因此反应前 O_2 物质的量 $n_{O_2总}$ 为：

$$n_{O_2总}=n_{O_2}+n_{CO_2}=0.83+0.78=1.61(\text{mol})$$

例 4 100mL 水中溶解了 32.5g 乙醇，溶液的密度为 $0.9686\text{g}\cdot\text{mL}^{-1}$，求蔗糖的物质的量浓度、质量摩尔浓度、摩尔分数和质量分数。

解 溶液的质量为：

$$m=V_{H_2O}\rho_{H_2O}+m_{C_2H_5OH}=100\times 1+32.5=132.5(\text{g})$$

溶液的体积为：

$$V=\frac{m}{\rho}=\frac{132.5}{0.9686}=136.8(\text{mL})$$

$$c_{C_2H_5OH}=\frac{n_{C_2H_5OH}}{V}=\frac{m_{C_2H_5OH}/M_{C_2H_5OH}}{V}=\frac{32.5/46}{136.8\times 10^{-3}}=5.2(\text{mol}\cdot\text{L}^{-1})$$

$$b_{C_2H_5OH}=\frac{n_{C_2H_5OH}}{m_{H_2O}}=\frac{m_{C_2H_5OH}/M_{C_2H_5OH}}{m_{H_2O}}=\frac{32.5/46}{100\times 10^{-3}}=7.1(\text{mol}\cdot\text{kg}^{-1})$$

$$x_{C_2H_5OH}=\frac{n_{C_2H_5OH}}{n_{H_2O}}=\frac{m_{C_2H_5OH}/M_{C_2H_5OH}}{m_{H_2O}/M_{H_2O}}=\frac{32.5/46}{100/18}=0.13$$

$$w_{C_2H_5OH}=\frac{m_{C_2H_5OH}}{m_{H_2O}}=\frac{32.5}{100}=0.325$$

例 5 用硫酸做标准溶液滴定氢氧化钠，滴定度为 $24\text{mg}\cdot\text{mL}^{-1}$，则用该标准溶液滴定 $Ca(OH)_2$，求滴定度 $T_{Ca(OH)_2/H_2SO_4}$。

解 两个滴定反应式分别为：

$$H_2SO_4+2NaOH=\!=\!=Na_2SO_4+2H_2O$$

$$H_2SO_4 + Ca(OH)_2 = CaSO_4 + 2H_2O$$

$$c_{H_2SO_4} = \frac{T_{NaOH/H_2SO_4}/M_{NaOH}}{2} = \frac{24\times10^{-3}/40}{2}\times10^3 = 0.3(mol\cdot L^{-1})$$

$$T_{Ca(OH)_2/H_2SO_4} = c_{H_2SO_4}\times10^{-3}\times M_{Ca(OH)_2} = 0.3\times10^{-3}\times74 = 0.02(g\cdot mL^{-1})$$

习题

一、选择题

1. 在使用金属铝与氢氧化钠溶液反应制取氢气的实验中，293K 时用排水集气法收集氢气（水的饱和蒸气压为 2.3kPa）。在水面上收集的气体体积为 0.50L，压力为 100kPa，干燥后氢气的体积为（　　）L。

A. 0.49　　B. 0.038　　C. 0.50　　D. 0.45

2. 0.2000mol·L^{-1} 盐酸溶液对 CaO 的滴定度为（　　）。

A. 5.6×10^{-3}mol·L^{-1}　　B. 5.6×10^{-3}g·L^{-1}

C. 1.12×10^{-2}g·L^{-1}　　D. 5.6×10^{-3}g·mL^{-1}

3. 实验室中在 73.3kPa 和 25℃ 下收集的 250mL 某气体，分析天平上称得气体质量为 0.118g，该气体的分子量为（　　）。

A. 16.0　　B. 14.0　　C. 2.0　　D. 44.0

4. 实验测得在 310℃、101.3kPa 时，单质气态磷的密度是 2.64g·L^{-1}，则磷的化学式为（　　）。

A. P　　B. P_2　　C. P_3　　D. P_4

5. A 球的体积为 2.0L，B 球体积为 1.0L，两球可通过活塞连通。开始时，A 球充有 101.3kPa 空气，B 球全部抽空但有体积小到可以忽略的固体吸氧剂。当活塞打开后，A 球空气进入 B 球，氧气被全部吸收，平衡后气体压力为 60.80kPa，则空气中氮气和氧气分子数目之比为（　　）。

A. 3∶1　　B. 6∶1　　C. 9∶1　　D. 12∶1

6. 混合气体中氧气、二氧化碳和三氧化硫三者的质量之比为 2∶4∶5，则三者物质的量浓度之比是（　　）。

A. 11∶16∶11　　B. 2∶4∶5　　C. 5∶4∶2　　D. 无法确定

7. 在（　　）的情况下，真实气体的性质与理想气体相近。

A. 低温和高压　　B. 高温和高压

C. 高温和低压　　D. 低温和低压

8. 已知某强电解质溶液的活度为 2mol·L^{-1}，将溶液稀释一倍，则溶液的活度（　　）1mol·L^{-1}。

A. 大于　　B. 等于　　C. 小于　　D. 无法确定

二、填空题

1. 将 17.1g 蔗糖（摩尔质量为 342g·mol^{-1}）溶解在 100mL 水中，此溶液中蔗糖的质量摩尔浓度为________$mol \cdot kg^{-1}$。

2. 若用 0.2$mol \cdot L^{-1}$ 的盐酸滴定氢氧化钠，则滴定度 $T=$________$g \cdot mL^{-1}$。（氢氧化钠的摩尔质量为 40$g \cdot mol^{-1}$）

3. 合成氨原料气中氢气和氮气的体积比为 3∶1，除这两种气体外，原料中还有其他杂质气体占 4%（体积分数），原料气总压为 15MPa，则氮气分压为________kPa，氢气分压为______kPa。

4. 30℃下，在一个容积为 10.0L 的容器中，氧气、氮气和二氧化碳的总压为 93.3kPa，其中 $p_{O_2}=26.7$kPa，二氧化碳的质量为 5.00g，容器中二氧化碳的分压为________kPa，氮气的分压为______kPa，氧气的摩尔分数为______。

5. 将 500g 98%（质量分数）的市售浓硫酸缓缓加入 200g 水中，所得到的硫酸溶液的质量分数是______。

6. 标准状况下，CO_2 的密度为________$g \cdot L^{-1}$。

7. 当溶液的离子强度很大时，用______来代替离子浓度。

三、计算题

1. 现拟制备一种 20%（质量分数）的氨水溶液，其密度为 0.925$g \cdot mL^{-1}$，制备 250mL 此溶液需要多少体积的氨气（标准状况下）?

2. $CHCl_3$ 在 40℃时的蒸气压为 49.3kPa，于此温度和 98.6kPa 下，有 4.0L 干空气缓缓通过 $CHCl_3$ 并收集之。求：

（1）被 $CHCl_3$ 所饱和的空气在该条件下的体积是多少?

（2）4.0L 干空气带走多少克 $CHCl_3$?

3. 0.2000$mol \cdot L^{-1}$ 硫酸溶液对 CaO（摩尔质量为 56$g \cdot mol^{-1}$）的滴定度是多少（$mg \cdot mL^{-1}$）?

4. 使总压力为 6933Pa 的乙炔和过量氢气的混合气体通过铂催化剂进行下列反应：$C_2H_4(g)+H_2(g)$══$C_2H_6(g)$。完全反应后，相同体积和温度下总压力为 4533Pa，求原来混合物中氢气的摩尔分数。

习题答案

一、选择题

1. A　2. D　3. A　4. D　5. C
6. A　7. C　8. A

二、填空题

1. 0.5
2. 0.008
3. 3600；10800
4. 28.6；38.0；0.286
5. 0.7
6. 1.96
7. 活度

三、计算题

1. 60.9L
2. （1）8L；（2）18g
3. 11.2mg · mL^{-1}
4. 0.65

第2章

定量分析基础

学习要求

① 了解分析化学的任务；了解化学分析方法的分类；了解一般化学分析过程的原理和步骤（采样、制备、预处理、定性检验、分离干扰物质、定量测定、数据处理），以及分析结果的表示方法。

② 了解滴定分析过程和滴定方式；掌握滴定终点、化学计量点、终点误差、指示剂、标准溶液及其配制、基准物质、标定等滴定分析中的重要基本概念；掌握滴定分析对化学反应的要求并能顺利进行定量计算。

③ 掌握误差基本知识及产生原因、减免方法，掌握误差与偏差的各种表示方法及有关计算；明确准确度与精密度的意义及二者之间的相互关系，了解提高分析结果准确度的方法。

④ 了解定量分析中有限次测定实验数据处理的统计学方法和分析结果的正确表达，知道用测定次数、平均值和标准偏差体现数据的集中趋势和分散程度，并会进行有关计算；了解置信度与置信区间的意义，能按照要求的置信度求出平均值的置信区间，计算出结果可能达到的准确范围；了解可疑数据处理的一般步骤，掌握 Q 检验法的原理和应用。

⑤ 正确了解有效数字及其意义，会判断有效数字的位数，掌握有效数字的修约规则和运算规则。

学习要点

1. 定量分析的一般过程

定量分析是分析化学的基础，主要包括化学分析法和仪器分析法，化学分析法又分为滴定分析法和重量分析法。化学分析过程一般包括：试样的采取和制备，试样的分解，定性检验，干扰物质的分离，定量测定，数据处理，分析结果的表示。

2. 滴定分析法概述

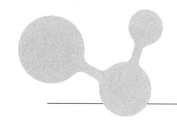

滴定分析法主要依据化学反应的计量关系进行计算，要求：反应按一定的反应方程式定量进行，反应完全；反应速率要快；有确定滴定终点的简便、可靠的方法。满足上述条件的反应，可以采用直接滴定法，若不能完全满足滴定反应要求时，可采用返滴定法、置换滴定法和间接滴定法。滴定分析法根据反应类型的不同，可以分为酸碱滴定法、沉淀滴定法、氧化还原滴定法和配位滴定法。

3. 标准溶液的配制与计算

标准溶液在滴定分析法中常用作滴定剂，满足基准物条件时可以直接配制，不符合时必须用间接法配制，再用基准物或已知准确浓度的另一标准溶液来标定。滴定分析的计算主要包括标准溶液的配制与标定、溶液浓度换算以及滴定分析结果的计算。

4. 定量分析中的误差

由于误差产生原因的不同，系统误差是定量分析中误差的主要来源，它影响分析结果的准确度。偶然误差则是在相同条件下，体现测定结果的重现性，影响分析结果的精密度。系统误差常用对照试验、空白试验、仪器校正、方法校正等来检验和消除。在消除系统误差的前提下增加平行测定次数，可减小偶然误差。一般测定中真实值未知，用相对平均偏差作为衡量测定结果准确度的重要依据。

5. 分析数据的统计处理

实际分析中一般平行测定 3～4 次即可，分析结果一般需报告出测定次数 n、平均值 $\overline{x}$ 和标准差 S，以体现出数据的集中趋势和分散程度。但对于平均值的可靠性，可进一步用置信区间来表示，由此区间可对平均值的正确性有一定程度的置信，即位于此区间内的数值，可将其当作合理值来接受。但在取平均值前，先要进行可疑数据的检验，从而对个别偏离较大的数据进行合理取舍。

6. 有效数字

为了得到准确的分析结果，要根据分析方法和测量仪器的准确度来决定数字保留的位数。在记录仪器读数时，最后一位有效数字是 0 时常被疏忽，所以一定要正确记录。如果第一个数字为 8、9，可以多计一位。对于 pH、pM、pK_a、$\lg K$ 等对数值，其有效数字的位数仅取决于小数部分的位数，整数部分只说明该数的次方。注意不要在计算时保留过多的位数，而要用“四舍六入五成双”进行修约弃去非有效数字，尤其在用计算器连续运算中会保留过多的有效数字，最后结果要修约成正确的位数。

典型例题

例 1　定量分析测得某试样中各组分的质量分数为：$w(\mathrm{CaO})=0.3258$，$w(\mathrm{SO_3})=0.4651$，$w(\mathrm{H_2O})=0.2092$。问该化合物的分子式为何？

解　根据 $n=m/M$ 可知，100.0g 试样中各组分的物质的量分别为：

$$n(\mathrm{CaO})=\frac{100.0\mathrm{g}\times0.3258}{56.08\mathrm{g}\cdot\mathrm{mol}^{-1}}=0.5810\mathrm{mol}$$

$$n(\mathrm{SO_3})=\frac{100.0\mathrm{g}\times0.4651}{80.06\mathrm{g}\cdot\mathrm{mol}^{-1}}=0.5809\mathrm{mol}$$

$$n(\mathrm{H_2O})=\frac{100.0\mathrm{g}\times0.2092}{18.02\mathrm{g}\cdot\mathrm{mol}^{-1}}=1.161\mathrm{mol}$$

则 $n(CaO):n(SO_3):n(H_2O)=1:1:2$。

化合物的分子式为 $CaO\cdot SO_3\cdot 2H_2O$，即 $CaSO_4\cdot 2H_2O$。

注意：化合物的实际分子式也可能是计算结果的倍数或因数。

例 2 称取分析纯结晶草酸（$H_2C_2O_4\cdot 2H_2O$，摩尔质量为 $126.0g\cdot mol^{-1}$）3.1500g，溶解后定量转移至 250.0mL 容量瓶中定容，则此草酸标准溶液的准确浓度为多少？

解 由 $c=\frac{m}{MV}$ 可计算得：

$$c(H_2C_2O_4)=\frac{3.1500g}{0.2500L\times 126.0g\cdot mol^{-1}}=0.1000mol\cdot L^{-1}$$

例 3 用邻苯二甲酸氢钾为基准物标定 NaOH 溶液，若称取邻苯二甲酸氢钾 0.4182g，滴定时用去 NaOH 溶液 20.20mL，求此 NaOH 标准溶液的浓度。

解 由式 $n=m/M$ 可得：

$$n(\text{邻苯二甲酸氢钾})=\frac{0.4182g}{204.22g\cdot mol^{-1}}=0.002048mol$$

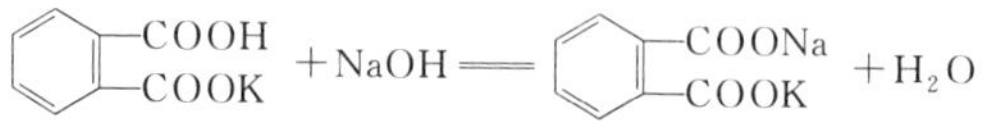

则化学计量点时 $n(NaOH)=n(\text{邻苯二甲酸氢钾})=0.002048mol$。

$$n(NaOH)=c(NaOH)V(NaOH)$$

$$c(NaOH)=\frac{n(NaOH)}{V(NaOH)}=\frac{0.002048mol}{20.20\times 10^{-3}L}=0.1014mol\cdot L^{-1}$$

例 4 用邻苯二甲酸氢钾（$KHC_8H_4O_4$）或草酸（$H_2C_2O_4\cdot 2H_2O$）作为基准物标定 $0.2mol\cdot L^{-1}$ NaOH 溶液的准确浓度，欲将滴定时 NaOH 的体积控制在 25mL，应称取多少克基准物？

解 (1) 用邻苯二甲酸氢钾（$KHC_8H_4O_4$）作为基准物

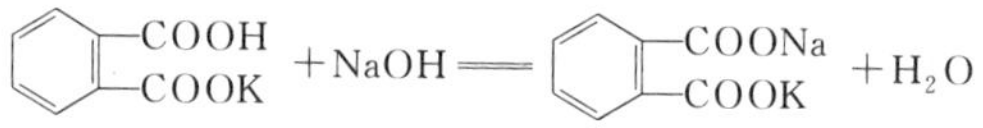

化学计量点时 $n(NaOH)=n(\text{邻苯二甲酸氢钾})$，则：

$$c(NaOH)V(NaOH)=m(\text{邻苯二甲酸氢钾})/M(\text{邻苯二甲酸氢钾})$$

$$\begin{aligned}m(\text{邻苯二甲酸氢钾})&=c(NaOH)V(NaOH)M(\text{邻苯二甲酸氢钾})\\&=0.2mol\cdot L^{-1}\times 25\times 10^{-3}L\times 204.2g\cdot mol^{-1}=1.02g\end{aligned}$$

(2) 用草酸（$H_2C_2O_4\cdot 2H_2O$）作为基准物

$$H_2C_2O_4+2OH^-=\!=\!=C_2O_4^{2-}+2H_2O$$

化学计量点时 $n(NaOH)=2n(H_2C_2O_4\cdot 2H_2O)$，则：

$$c(NaOH)V(NaOH)=2m(H_2C_2O_4\cdot 2H_2O)/M(H_2C_2O_4\cdot 2H_2O)$$

$$\begin{aligned}m(H_2C_2O_4\cdot 2H_2O)&=\frac{1}{2}c(NaOH)V(NaOH)M(H_2C_2O_4\cdot 2H_2O)\\&=\frac{1}{2}\times 0.2mol\cdot L^{-1}\times 25\times 10^{-3}L\times 126.0g\cdot mol^{-1}=0.32g\end{aligned}$$

在标定 NaOH 溶液时，优先选择摩尔质量较大的邻苯二甲酸氢钾作基准物，这样称量质量较大，可以减小称量的相对误差。

例 5 以 $AgNO_3$ 滴定某一水源样品中的 Cl^-，如果需要 20.20mL $0.1000mol\cdot L^{-1}$ 的

$AgNO_3$ 标准溶液与 10.00g 水样中所含有的 Cl^- 反应，问该水样中含有 Cl^- 多少克？

解　该滴定反应为：

$$AgNO_3 + Cl^- = AgCl\downarrow + NO_3^-$$

$$n(AgNO_3) = n(Cl^-)$$

$$c(AgNO_3)V(AgNO_3) = \frac{m(Cl^-)}{M(Cl^-)}$$

$$0.1000mol \cdot L^{-1} \times 20.20 \times 10^{-3}L = \frac{m(Cl^-)}{35.45g \cdot mol^{-1}}$$

$$m(Cl^-) = 0.1000mol \cdot L^{-1} \times 20.20 \times 10^{-3}L \times 35.45g \cdot mol^{-1} = 0.07161g$$

例 6　计算质量浓度为 $2.850g \cdot L^{-1}$ 的 HCl 标准溶液的物质的量浓度，以及该溶液对 $CaCO_3$ 的滴定度。

解　由式 $n = m/M$ 可得，质量浓度除以摩尔质量即可换算成物质的量浓度。

$$c(HCl) = 2.850g \cdot L^{-1}/36.5g \cdot mol^{-1} = 0.07808mol \cdot L^{-1}$$

$$CaCO_3 + 2HCl = CaCl_2 + H_2O + CO_2\uparrow$$

$$\frac{2m(CaCO_3)}{M(CaCO_3)} = c(HCl)V(HCl)$$

根据滴定度定义，$V(HCl) = 1mL$ 时有

$$T_{CaCO_3/HCl} = \frac{m(CaCO_3)}{V(HCl)} = \frac{1}{2}c(HCl)M(CaCO_3)$$

$$= \frac{1}{2} \times 0.07808mol \cdot L^{-1} \times 100.1g \cdot mol^{-1}$$

$$= 3.908g \cdot L^{-1}$$

$$= 3.908mg \cdot mL^{-1}$$

例 7　分析不纯 $CaCO_3$（其中不含干扰物质）。称取试样 0.3000g，加入 25.00mL $0.2500mol \cdot L^{-1}$ 的 HCl 标准溶液，煮沸除去 CO_2，再用 $0.2012mol \cdot L^{-1}$ 的 NaOH 标准溶液返滴过量酸，消耗了 5.84mL，计算试样中 $CaCO_3$ 的质量分数。

解　涉及的反应方程式为：

$$CaCO_3 + 2HCl = CaCl_2 + H_2O + CO_2\uparrow$$

$$HCl_{剩余} + NaOH = NaCl + H_2O$$

首先求剩余的 HCl 的体积：

$$c(HCl)V(HCl_{剩余}) = c(NaOH)V(NaOH)$$

$$0.2500mol \cdot L^{-1} \times V(HCl_{剩余}) = 0.2012mol \cdot L^{-1} \times 5.84 \times 10^{-3}L$$

$$V(HCl_{剩余}) = 0.00470L = 4.70mL$$

与 $CaCO_3$ 反应的 HCl 的体积为：$V(HCl) = 25.00mL - 4.70mL = 20.30mL$。

由反应式得 $2n(CaCO_3) = n(HCl)$，则：

$$\frac{2m(CaCO_3)}{M(CaCO_3)} = c(HCl)V(HCl)$$

$$\frac{2m(CaCO_3)}{100.1g \cdot mol^{-1}} = 0.2500mol \cdot L^{-1} \times 20.30 \times 10^{-3}L$$

$$m(CaCO_3) = 0.2540g$$

$$w(CaCO_3)=\frac{m(CaCO_3)}{m(\text{试样})}=\frac{0.2540g}{0.3000g}=0.8467$$

例 8 有一铜矿试样经三次测定，得知铜的质量分数为 0.2487、0.2493、0.2496，而铜的实际质量分数为 0.2505，求分析结果的绝对误差和相对误差。

解 平均值：

$$\bar{x}=\frac{\sum x_i}{n}=\frac{0.2487+0.2493+0.2496}{3}$$

$$=0.2492$$

绝对误差： $E_a=\bar{x}-x_T=0.2492-0.2505=-0.0013$

相对误差： $E_r=\frac{E_a}{x_T}=\frac{\bar{x}-x_T}{x_T}=\frac{-0.0013}{0.2505}\times100\%=-0.52\%$

例 9 分析铁矿样品，得到铁的质量分数为 0.3745、0.3720、0.3730、0.3750、0.3725、0.3795，计算此结果的平均值、平均偏差、标准差、变异系数和置信度 P 为 90% 时平均值的置信区间。

解 6 个测定数据中 0.3795 与其余数据相差较大，但又无明显原因可将它剔除，现根据 Q 检验法决定取舍。

按大小顺序排列：0.3720、0.3725、0.3730、0.3745、0.3750、0.3795。

$$Q_{\text{计}}=\frac{0.3795-0.3750}{0.3795-0.3720}=0.60$$

查 Q 值表得，$n=6$，$P=90\%$时，$Q_{\text{表}}=0.56$，即 $Q_{\text{计}}>Q_{\text{表}}$。故 0.3795 可以舍去，不参加数据处理，由 5 个数据进行相关计算。

平均值：$\bar{x}=\frac{\sum x_i}{n}=\frac{0.3745+0.3720+0.3730+0.3750+0.3725}{5}$

$$=0.3734$$

偏差：$d_i=x_i-\bar{x}$，分别为 0.0011、−0.0014、−0.0004、0.0016、−0.0009。

平均偏差：$\bar{d}=\frac{\sum|d_i|}{n}=\frac{0.0011+0.0014+0.0004+0.0016+0.0009}{5}$

$$=0.0011$$

标准差：$S=\sqrt{\frac{\sum(d_i)^2}{n-1}}=\sqrt{\frac{0.0011^2+0.0014^2+0.0004^2+0.0016^2+0.0009^2}{5-1}}$

$$=0.0013$$

变异系数：$CV=\frac{S}{\bar{x}}=\frac{0.0013}{0.3734}\times100\%=0.35\%$

平均值的置信区间：查不同置信度下 t 值表得，$n=5$，$P=90\%$时，$t=2.132$。

$$\mu=\bar{x}\pm\frac{tS}{\sqrt{n}}=0.3734\pm\frac{2.132\times0.0013}{\sqrt{5}}$$

$$=0.3734\pm0.0012$$

要正确理解平均值的置信区间。在该例中，正确的理解是“在 0.3734±0.0012 区间中包括总体平均值 μ 的把握有 90%”，而若理解为“未来测定的实验平均值 $\bar{x}$ 有 90% 落入 0.3734±0.0012 区间内”就错了。

例 10　设下列数值最后一位是可疑值，请用正确的有效数字表示下列各式的答案：

(1) $\dfrac{0.0432\times7.5\times2.12\times10^{2}}{0.00622}$

(2) $2.136/(45.083-22.03)+185.71\times2.3\times10^{-4}-0.00081$

解　(1) 7.5 的相对误差最大，有效数字位数为两位，最少，故各数值应按“四舍六入五成双”的规则修约成两位有效数字后再运算，最后计算结果亦取两位有效数字。

$$\frac{0.0432\times7.5\times2.12\times10^{2}}{0.00622}=\frac{0.043\times7.5\times2.1\times10^{2}}{0.0062}=1.1\times10^{4}$$

(2) 计算中涉及加减和乘除运算，故应注意修约规则在加减和乘除中的不同应用。

$$\begin{aligned}&2.136/(45.083-22.03)+185.71\times2.3\times10^{-4}-0.00081\\&=2.136/(45.08-22.03)+1.9\times10^{2}\times2.3\times10^{-4}-0.00081\\&=2.136/23.05+0.044-0.00081\\&=0.0927+0.044-0.00081\\&=0.093+0.044-0.001=0.136\end{aligned}$$

习题

一、选择题

1. 下列正确的说法是（　　）。

A. 测定结果的精密度好，准确度不一定好

B. 测定误差可以是常数

C. 偏差是标准差的平方

D. 偶然误差影响分析结果的准确度

2. 对某一样品进行分析：A 测定结果的平均值为 6.96%，标准差为 0.03；B 测定结果的平均值为 7.10%，标准差为 0.05。样品真值为 7.02%。与 B 的结果比较，A 的测定结果是（　　）。

A. 不太准确，但精密度较好

B. 准确度较好，但精密度较差

C. 准确度较好，精密度也好

D. 准确度和精密度都不好

3. 甲乙两人同时分析一矿物的含硫量，每次采用试样 3.5g，分析结果的平均值分别报告为：甲，0.042%；乙，0.04201%。正确报告应是（　　）。

A. 甲的报告

B. 乙的报告

C. 甲乙两人的报告均不正确

D. 甲乙两人的报告均正确

4. 用有效数字规则对下式

$$\frac{51.38}{8.709\times0.09460}$$

进行计算，正确的结果应是（　　）。

A. 62.3　　B. 62.364　　C. 62.4　　D. 62.36

5. 下列说法正确的是（　　）。

A. 准确度 $=\frac{\text{测定值}-\text{真实值}}{\text{测定值}}$

B. pH=3.05 的有效数字是三位

C. 在分析数据中，所有的“0”均为有效数字

D. 误差是指测定值与真实值之间的差，误差的大小说明分析结果准确度的高低

6. 用下列（　　）方法可以减小测定中的偶然误差。

A. 对照实验　　B. 空白实验

C. 增加平行测定次数　　D. 校准仪器

7. 下列说法正确的是（　　）。

A. 在滴定分析中，指示剂刚好发生颜色变化的转变点称为化学计量点

B. 根据误差产生的原因与性质，将误差分为系统误差、偶然误差和主观误差

C. 样品测定的系统误差也叫可测误差，它服从正态分布

D. 用含有少量邻苯二甲酸的邻苯二甲酸氢钾标定 NaOH 时结果会偏低，造成负误差

8. 下列说法错误的是（　　）。

A. 在分析测试中，误差是衡量准确度高低的尺度

B. 在对样品分析中，结果的精密度好但准确度不一定高

C. 测定次数 n 一定，置信度越高，则置信区间越窄，测定结果越可靠

D. 应用 Q 检验法检验可疑值的取舍时，若 $Q_{计}>Q_{表}$，则此值应舍去

9. 滴定分析要求相对误差为 1‰，因完成一次称量操作需读数两次，所以若称样绝对误差为 0.0001g，则一般至少称取试样（　　）。

A. 2g 左右　　B. 4g 左右　　C. 0.2g 左右　　D. 0.4g 左右

10. 在滴定分析中，当指示剂的颜色突变时停止滴定的那一点称为（　　）。

A. 化学计量点　　B. 滴定终点　　C. 滴定分析　　D. 滴定误差

11. 在下列方法中，不能减小分析测定中的系统误差的是（　　）。

A. 空白实验　　B. 对照实验

C. 校准仪器　　D. 增加平行测定次数

12. 下列叙述错误的是（　　）。

A. 相对误差 $=\frac{\text{测定值}-\text{平均值}}{\text{平均值}}$

B. 个别测定的绝对偏差是指测定值与平均值之差

C. 对于可疑数据的取舍，统计学上常常采用 Q 检验法

D. 精密度是指在相同条件下，多次测定值之间相互接近的程度

13. 下列叙述错误的是（　　）。

A. 方法误差属于系统误差　　B. 系统误差具有单向性

C. 系统误差又称可测误差　　D. 系统误差呈正态分布

14. 下列能用作基准物的是（　　）。

A. $Na_2S_2O_3$　　B. 邻苯二甲酸氢钾　　C. HCl　　D. NaOH

15. 下列说法正确的是（　　）。

A. 偶然误差是随机波动形成的，因此在分析测定中是无法减免的

B. 对照实验是对分析中出现的偶然误差采用的一种校正办法

C. 在分析测定中，测定次数 n 一定时，置信区间越小，则置信度越高

D. 根据有效数字的运算规则，34.678＋8.23－0.0794＝42.83

16. 用 0.1000mol·L^{-1} 的 NaOH 溶液滴定 HAc，则每毫升 NaOH 相当于 HAc（　　）克。(已知 HAc 的摩尔质量为 60.05g·mol^{-1})

A. 0.006005　　B. 60.05　　C. 6.005　　D. 0.6005

二、填空题

1. 0.003008 是______位有效数字，4.80×10^{-2} 是______位有效数字。

2. $[H^+]=3.8\times10^{-12}$mol·L^{-1}，则 pH＝__________。

3. 误差的标准正态分布曲线反映出________误差的规律性。

4. 标准差亦叫____________，其表达式是____________。

5. 滴定管读数的可疑值是±0.01mL，若要滴定时所用溶液体积测量的相对误差不大于1‰，则所消耗的溶液体积不应少于______ mL。

6. 定量分析中，系统误差影响测定结果的__________，偶然误差影响测定结果的__________。

7. 2.550 修约到 2 位有效数字为____________，pH＝1.12 包括______位有效数字。

8. 0.0325×5.103×60.06/239.32＝____________。

9. 欲配制 500mL 0.02000mol·L^{-1} 的 $K_2Cr_2O_7$ 溶液应称取 $m(K_2Cr_2O_7)$ ＝______g。(已知 $K_2Cr_2O_7$ 的摩尔质量为 294.2g·mol^{-1})

10. 草酸标准溶液的配制方法属于__________法，盐酸标准溶液的配制方法属于__________法。

11. 现拟用 0.05000mol·L^{-1} 硫酸沉淀 15.0mL 0.06000mol·L^{-1} $BaCl_2$ 中的 Ba^{2+}，则所需硫酸的体积为____________mL。

12. 已知分析天平能称准至±0.1mg，要使试样的称量误差不大于 1‰，则至少要称取试样__________g。

13. 使 0.4000mol·L^{-1} HCl 和 2.600g Na_2CO_3（摩尔质量为 106g·mol^{-1}）完全反应，需要 HCl 溶液____________mL。

14. 将 0.3016g 的某一元酸试样溶解在水中，24.70mL 0.1000mol·L^{-1} NaOH 与此酸试样完全反应，则此酸的摩尔质量为____________g·mol^{-1}。

15. 滴定 0.1650g 草酸的试样，用去 23.80mL 0.1010mol·L^{-1} NaOH，则草酸试样中 $H_2C_2O_4\cdot2H_2O$（摩尔质量为 126g·mol^{-1}）的质量分数为__________。

16. 用 0.10mol·L^{-1} 的盐酸滴定 CaO，则 1mL 盐酸相当于 CaO________mg。(原子量为：Ca，40；O，16)

三、计算题

1. 标定 0.1mol·L^{-1} HCl，欲消耗 25mL 左右 HCl 溶液，应称取 Na_2CO_3 基准物多少

克？若改用硼砂（$Na_2B_4O_7 \cdot 10H_2O$）为基准物，结果又如何？标定盐酸优先选择哪种物质作为基准物？（滴定反应方程式：$2HCl + Na_2B_4O_7 \cdot 10H_2O \longrightarrow 2NaCl + 4H_3BO_3 + 5H_2O$，$Na_2B_4O_7 \cdot 10H_2O$ 摩尔质量为 $381.4g \cdot mol^{-1}$）

2. 称取 0.5987g 草酸基准物（$H_2C_2O_4 \cdot 2H_2O$，摩尔质量为 $126.0g \cdot mol^{-1}$），溶解后转入 100mL 容量瓶中定容，移取 25.00mL 用以标定 NaOH 标准溶液，用去 NaOH 溶液 21.10mL。计算 NaOH 溶液的物质的量浓度。

3. 用凯氏定氮法测定蛋白质的含氮量。称取 1.658g 粗蛋白试样，将试样中的氮转变为 NH_3 并以 25.00mL $0.2018mol \cdot L^{-1}$ 的 HCl 标准溶液吸收，剩余的 HCl 以 $0.1600mol \cdot L^{-1}$ NaOH 标准溶液返滴定，用去 NaOH 溶液 9.15mL，计算此粗蛋白试样中氮的质量分数。

4. 今有工业用硼砂（$Na_2B_4O_7 \cdot 10H_2O$）1.000g，溶于少量水中后，用浓度为 $0.2000mol \cdot L^{-1}$ 的 HCl 标准溶液滴定，耗去 25.00mL，求工业用硼砂中硼的质量分数为多少？

5. 用过量的 $AgNO_3$ 沉淀 50.0mL 稀盐酸中的氯离子，得到 0.682g 干燥的 AgCl，计算稀盐酸的物质的量浓度。已知 AgCl 摩尔质量为 $143.32g \cdot mol^{-1}$。

6. 某铁矿石中铁的质量分数为 0.3916，甲分析的结果为 0.3912、0.3915 和 0.3918，乙分析的结果为 0.3919、0.3924 和 0.3928。试通过计算比较甲、乙两人分析结果的准确度和精密度。

7. 某试样经分析测得锰的质量分数为：0.4124、0.4127、0.4123 和 0.4126。求分析结果的平均偏差和标准差。

8. 某矿石中钨的质量分数的测定结果为：0.2039、0.2041、0.2043。计算标准差 S 及置信度为 95%时的置信区间。已知：$n=3$，$P=95\%$时，$t=4.303$。

9. 测定试样中 CaO 的质量分数，得到如下结果：0.3565、0.3569、0.3570、0.3560、0.3520。统计处理后的分析结果即平均值、标准差和变异系数各为多少？设置信度为 90%。已知：$P=90\%$时，$n=5$，$Q=0.64$。

10. 按有效数字运算规则，计算下列各式：

① $2.187 \times 0.854 + 9.6 \times 10^{-5} - 0.0326 \times 0.00814$

② $\dfrac{51.38}{8.709 \times 0.09460}$

③ $\dfrac{89.827 \times 50.62}{0.005164 \times 136.6}$

④ $\sqrt{\dfrac{1.5 \times 10^{-8} \times 6.1 \times 10^{-8}}{3.3 \times 10^{-6}}}$

⑤ $\dfrac{1.20 \times (112 - 1.240)}{5.4375}$

⑥ $\dfrac{1.50 \times 10^{-5} \times 6.11 \times 10^{-8}}{3.3 \times 10^{-5}}$

⑦ pH=2.03 的 $[H^+]$

⑧ $\dfrac{0.0252 \times 4.11 \times 10^2 \times 1.506}{6.22 \times 10^5}$

⑨ $\frac{21.22 \times 3.08 \times 10^{2} \times 0.0510}{1.122 \times 10^{-4}}$

⑩ $124.165 + 8.2 - 1.4250$

四、简答题

1. 若将 $H_2C_2O_4 \cdot 2H_2O$ 基准物长期保存于保干器中，用来标定 NaOH 的浓度时，结果是偏高还是偏低？分析纯的 NaCl 试剂不做任何处理就用来标定 $AgNO_3$ 溶液的浓度，结果会偏高还是偏低？试解释原因。

2. 下列情况分别引起什么误差？如果是系统误差，应如何消除？

① 天平两臂不等长；

② 以质量分数约为 99%的邻苯二甲酸氢钾作基准物标定碱溶液的浓度；

③ 称量时试样吸收了空气中的水分；

④ 试样未经充分混匀；

⑤ 读取滴定管读数时，最后一位数字估读不准；

⑥ 蒸馏水或试剂中含有微量被测定的离子；

⑦ 滴定时，操作者不小心从锥形瓶中溅失少量溶液；

⑧ 使用了被腐蚀的砝码；

⑨ 标定 NaOH 用的 $H_2C_2O_4 \cdot 2H_2O$ 有部分风化；

⑩ 容量瓶和移液管不配套。

3. 下列数据各包括几位有效数字？

① 0.072；② 36.080；③ 4.4×10^{-3}；④ 1000；⑤ 1000.00；

⑥ pH=3.26；⑦ 998；⑧ pH=5.02；⑨ 6.022×10^{-23}；⑩ 1.000。

习题答案

一、选择题

1. A　2. C　3. A　4. D　5. D
6. C　7. D　8. C　9. C　10. B
11. D　12. A　13. D　14. B　15. D
16. A

二、填空题

1. 4；3
2. 11.42
3. 偶然（随机）
4. 均方根偏差；$S=\sqrt{\dfrac{\sum(x_i-\overline{x})^2}{n-1}}$
5. 20
6. 准确度；精密度
7. 2.6；2
8. 0.0417
9. 2.942
10. 直接；间接
11. 18.0
12. 0.2
13. 122.6
14. 122.1
15. 0.9178
16. 2.8

三、计算题

1. 0.13g；0.48g；硼砂（$Na_2B_4O_7 \cdot 10H_2O$）
2. 0.1125mol·L^{-1}
3. 0.03024
4. 0.1081
5. 0.0952mol·L^{-1}
6. 甲：$\overline{x}=0.3915$，$E=-0.0001$，$S=0.0003$；
乙：$\overline{x}=0.3924$，$E=0.0008$，$S=0.0005$；
甲的准确度和精密度均高于乙。
7. 0.00015；0.00018

8\. 0.0002；0.2041±0.0005

9\. 进行 Q 检验后，0.3520 应舍去，则 $n=4$，$\overline{x}=0.3566$，$S=0.0005$，变异系数 CV=0.14%。

10\. ①1.868；②62.36；③6446；④$1.7\times10^{-5}$；⑤24.5；⑥$2.8\times10^{-4}$；⑦$9\times10^{-3}$（可视为两位有效数字）；⑧$2.51\times10^{-5}$；⑨$2.97\times10^{6}$；⑩131.0

四、简答题

1\. 结果偏低。因为根据 $H_2C_2O_4+2OH^-=\!=\!=C_2O_4^{2-}+2H_2O$

$$n(NaOH)=2n(H_2C_2O_4\cdot 2H_2O)$$

$$c(NaOH)V(NaOH)=2m(H_2C_2O_4\cdot 2H_2O)/M(H_2C_2O_4\cdot 2H_2O)$$

$H_2C_2O_4\cdot 2H_2O$ 长期处于干燥器中会发生失水，称取同样质量时 $H_2C_2O_4$ 量增加，滴定时导致滴定体积增加，从而导致 NaOH 溶液浓度偏低。

结果偏高。因为根据 $AgNO_3+Cl^-=\!=\!=AgCl\downarrow+NO_3^-$

$$n(AgNO_3)=n(Cl^-)$$

$$c(AgNO_3)V(AgNO_3)=\frac{m(Cl^-)}{M(Cl^-)}$$

NaCl 试剂会吸水，若不做任何处理，称取同样质量时 NaCl 量减少，滴定时导致滴定体积减小，从而导致 $AgNO_3$ 溶液浓度偏高。

2\. ① 仪器误差，属于系统误差，需要对天平进行校正；

② 试剂误差，属于系统误差，改用优级纯或分析纯的邻苯二甲酸氢钾作基准物；

③ 偶然误差，加快称量速度；

④ 偶然误差，使用前充分摇匀；

⑤ 偶然误差，估读时应尽可能准确，并对同一样品做平行实验，即多次测定；

⑥ 试剂误差，属于系统误差，应做空白试验进行校正；

⑦ 过失误差，所得结果应删除；

⑧ 仪器误差，属于系统误差，需对砝码进行校正或更换；

⑨ 试剂误差，属于系统误差，要改用按规定方法存放的基准物；

⑩ 仪器误差，属于系统误差，应对容量瓶和移液管进行相对校正。

3\. ①2 位；②5 位；③2 位；④不确定；⑤6 位；⑥2 位；⑦4 位；⑧2 位；⑨4 位；⑩4 位。

第3章

化学反应的基本原理

学习要求

① 掌握热化学中的几个基本概念；理解热化学方程式的含义，了解标准生成焓的定义，熟练掌握盖斯定律及其应用；掌握键焓的确切定义。

② 理解状态函数、熵和自由能的物理意义；掌握化学反应方向的判据，并能利用该判据判断化学反应进行的方向。

③ 了解化学反应速率、基元反应和非基元反应以及反应级数的概念；熟悉影响化学反应速率的因素（浓度、温度和催化剂），并能用活化能理论进行解释；熟练掌握质量作用定律和阿伦尼乌斯方程的物理意义，并能应用其进行有关计算。

④ 了解反应达到化学平衡时的特征，理解化学平衡的概念，能够准确写出化学平衡常数表达式，掌握平衡常数的有关计算；掌握化学平衡的移动规律，掌握化学平衡移动后平衡组分的有关计算。

学习要点

1. 状态函数的基本性质

对热力学函数的基本概念的理解一定要准确、透彻，特别是状态函数的性质——与过程和途径无关，只与始态、终态有关。利用这一性质可以设计一些过程，以便求解一些无法用实验直接测定的物质的标准摩尔生成焓。

2. 由标准摩尔生成焓计算恒压下化学反应的热效应

化学反应的热效应的两种常用计算方法为：$\Delta_r H_m^{\ominus} = \sum\nu_i \Delta_f H_m^{\ominus}$（生成物）$+ \sum\nu_i \Delta_f H_m^{\ominus}$（反应物）和 $\Delta H = \Delta U + \Delta nRT$。前一种方法比较普遍，特别是在比较容易查到标准数据时；而且反应的熵、自由能等也具备相似的计算方法。另一方法多用于那些标准数据不易查到或非标准条件下（化学反应的 ΔH 可近似认为与温度无关）。

3. 盖斯定律

“任一化学反应，不论是一步完成的，还是分几步完成的，其热效应都是一样的。”这就是著名的盖斯定律，这个定律指出，反应热效应只与反应物和生成物的始态和终态有关，而与变化的途径无关。

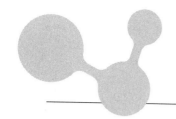

4. 化学反应方向和限度的判断依据

需要注意的是只有在标准态时才可以用 $\Delta_r G_m^{\ominus}$ 判断反应的方向；而如要准确判定反应方向，一定要用 $\Delta_r G_m$，否则判断结果不准确。

5. 化学反应速率的计算及影响因素

化学反应的速率方程的表达形式与反应级数存在一定的关系，只有基元反应，才能根据反应的方程式写出反应的速率方程的表达式；熟练运用阿伦尼乌斯公式进行计算，理解化学反应速率理论、活化能等。

6. 化学平衡及化学平衡移动的相关计算

化学平衡一经建立，平衡常数也就随之而定，当条件改变时，平衡也发生改变；平衡常数只随温度而变化。平衡常数也可以从热力学函数中利用以下公式求解。

$$\Delta_r G_m^{\ominus} = -RT\ln K^{\ominus} = -2.303RT\lg K^{\ominus}$$

对于化学平衡移动，要注意改变浓度、压力时，平衡发生移动，但平衡常数不变；只有当改变温度时，平衡常数才发生变化。

典型例题

例 1　已知 $Fe_2O_3(s)$、$CO_2(g)$ 的 $\Delta_f G_m^{\ominus}$ 分别为 $-741kJ\cdot mol^{-1}$、$-394.4kJ\cdot mol^{-1}$，$\Delta_f H_m^{\ominus}$ 分别为 $-822kJ\cdot mol^{-1}$、$-393.5kJ\cdot mol^{-1}$，$S_m^{\ominus}$ 分别为 $90J\cdot mol^{-1}\cdot K^{-1}$、$214J\cdot mol^{-1}\cdot K^{-1}$，且 Fe(s)、C(石墨) 的 $S_m^{\ominus}$ 分别为 $27.2J\cdot mol^{-1}\cdot K^{-1}$、$5.7J\cdot mol^{-1}\cdot K^{-1}$。通过计算说明在 298K、标准压力下，用 C 还原 Fe_2O_3 生成 Fe 和 CO_2 在热力学上是否可能发生？若要反应自发进行，温度最低为多少？

解　首先要准确写出该反应的反应方程式，确定其定量关系。

$$Fe_2O_3(s) + \frac{3}{2}C(石墨,s) \rightleftharpoons 2Fe(s) + \frac{3}{2}CO_2(g)$$

根据公式：$\Delta_r G_m^{\ominus} = \sum\nu_i \Delta_f G_m^{\ominus}(生成物) + \sum\nu_i \Delta_f G_m^{\ominus}(反应物)$，得

$$\Delta_r G_m^{\ominus} = 0 + \frac{3}{2}\times(-394.4) - (-741) = 149(kJ\cdot mol^{-1})$$

在标准压力、298K 时，$\Delta_r G_m^{\ominus} = 149kJ\cdot mol^{-1}$，大于零，反应不能自发。但因为反应是一个熵增加的过程，可能在高温下自发进行。

要求反应进行的温度，也就是求转化温度，所以要先求出 $\Delta_r H_m^{\ominus}$ 和 $\Delta_r S_m^{\ominus}$。根据公式：$\Delta_r H_m^{\ominus} = \sum\nu_i \Delta_f H_m^{\ominus}(生成物) + \sum\nu_i \Delta_f H_m^{\ominus}(反应物)$，得

$$= 0 + \frac{3}{2}\times(-393.5) - (-822) = 232(kJ\cdot mol^{-1})$$

$$\Delta_r S_m^{\ominus} = \sum\nu_i S_m^{\ominus}(生成物) + \sum\nu_i S_m^{\ominus}(反应物)$$

$$=2\times27.2+\frac{3}{2}\times214-90-\frac{3}{2}\times5.7=2.8\times10^{2}(\text{J}\cdot\text{mol}^{-1}\cdot\text{K}^{-1})$$

$$\Delta_r G_m^{\ominus}=\Delta_r H_m^{\ominus}-T\Delta_r S_m^{\ominus}$$
$$=232-2.8\times10^{2}T<0$$

则 $$T>\Delta_r H_m^{\ominus}/\Delta_r S_m^{\ominus}=232\times10^{3}/(2.8\times10^{2})=829(\text{K})$$

所以反应进行的最低温度为829K。

例2 根据下列热力学数据，计算 CO_2 的压力为100kPa时，$Na_2CO_3(s)$ 分解的最低温度。估计1000K下，CO_2 的压力为1kPa时反应能否自发进行？

	$Na_2CO_3(s)$ $\rightleftharpoons$	$Na_2O(s)$ +	$CO_2(g)$
$\Delta_f H_m^{\ominus}/(\text{kJ}\cdot\text{mol}^{-1})$	−1130.68	−414.2	−393.51
$S_m^{\ominus}/(\text{J}\cdot\text{mol}^{-1}\cdot\text{K}^{-1})$	134.98	75.04	213.74

解 $$\Delta_r H_m^{\ominus}=\Delta_f H_m^{\ominus}(Na_2O,s)+\Delta_f H_m^{\ominus}(CO_2,g)-\Delta_f H_m^{\ominus}(Na_2CO_3,s)$$
$$=-414.2-393.51-(-1130.68)$$
$$=323.0(\text{kJ}\cdot\text{mol}^{-1})$$
$$\Delta_r S_m^{\ominus}=S_m^{\ominus}(Na_2O,s)+S_m^{\ominus}(CO_2,g)-S_m^{\ominus}(Na_2CO_3,s)$$
$$=75.04+213.74-134.98$$
$$=153.8(\text{J}\cdot\text{mol}^{-1}\cdot\text{K}^{-1})$$
$$T\geqslant\Delta_r H_m^{\ominus}/\Delta_r S_m^{\ominus}=323.0\times10^{3}/153.8=2100(\text{K})$$

1000K时 $\Delta_r G_m^{\ominus}=\Delta_r H_m^{\ominus}-T\Delta_r S_m^{\ominus}=323.0-1000\times10^{-3}\times153.8=169.2(\text{kJ}\cdot\text{mol}^{-1})$

利用反应商 Q 得 $$\Delta_r G_m=\Delta_r G_m^{\ominus}+RT\ln Q$$
$$=169.2+2.303\times8.314\times1000\times10^{-3}\lg(1/100)$$
$$=130.9(\text{kJ}\cdot\text{mol}^{-1})>0$$

因此正反应不能自发进行。

例3 碘钨灯可提高白炽灯的发光效率并延长其使用寿命。原理是灯管内所含少量碘发生了如下可逆反应，当生成的 WI_2 气体扩散到灯丝附近的高温区时，又会立即分解出W而重新沉积至灯管上。25℃时

	$W(s)$ +	$I_2(g)$ $\rightleftharpoons$	$WI_2(g)$
$\Delta_f H_m^{\ominus}/(\text{kJ}\cdot\text{mol}^{-1})$	0	62.44	−8.37
$S_m^{\ominus}/(\text{J}\cdot\text{mol}^{-1}\cdot\text{K}^{-1})$	33.5	260.69	251

(1) 若灯管壁温度为380℃，计算上式反应的 $\Delta_r G_m^{\ominus}$，说明该温度下反应自发进行的方向。

(2) 计算 WI_2 气体在灯丝上发生分解所需的最低温度。

解 (1) $\Delta_r H_m^{\ominus}=-8.37-62.44=-70.81(\text{kJ}\cdot\text{mol}^{-1})$

$$\Delta_r S_m^{\ominus}=251-260.69-33.5=-43.2(\text{J}\cdot\text{mol}^{-1}\cdot\text{K}^{-1})$$

380℃时 $$\Delta_r G_m^{\ominus}=\Delta_r H_m^{\ominus}-T\Delta_r S_m^{\ominus}$$
$$=-70.81-(380+273)\times(-43.2\times10^{-3})$$
$$=-42.6(\text{kJ}\cdot\text{mol}^{-1})$$

因 $\Delta_r G_m^\ominus = -42.6 kJ \cdot mol^{-1} < 0$，故 380℃下正反应自发进行。

（2）WI_2 气体在灯丝上发生分解所需的最低温度：

$$T = \Delta_r H_m^\ominus / \Delta_r S_m^\ominus = -70.81 \times 10^3 / (-43.2) = 1639(K)$$

例4 工业上由CO和 H_2 合成甲醇，在298K时的热力学数据如下：

	CO(g)	+ $2H_2(g)$	$\rightleftharpoons CH_3OH(g)$
$\Delta_f H_m^\ominus(298.15K)/(kJ \cdot mol^{-1})$	−110.5		−201.17
$S_m^\ominus(298.15K)/(J \cdot mol^{-1} \cdot K^{-1})$	197.7	130.7	237.7

（1）计算说明标准态下反应方向如何？

（2）为了加快反应速率必须升高温度，通过计算说明此温度最高不得超过多少？

解 （1）$\Delta_r H_m^\ominus = \Delta_f H_m^\ominus(CH_3OH) - \Delta_f H_m^\ominus(CO) = -201.17 - (-110.5)$

$$= -90.67(kJ \cdot mol^{-1})$$

$$\Delta_r S_m^\ominus = S_m^\ominus(CH_3OH) - 2S_m^\ominus(H_2) - S_m^\ominus(CO)$$

$$= 237.7 - 2 \times 130.7 - 197.7 = -221.4(J \cdot mol^{-1} \cdot K^{-1})$$

$$\Delta_r G_m^\ominus = \Delta_r H_m^\ominus - T\Delta_r S_m^\ominus = -90.67 - 298 \times (-221.4) \times 10^{-3} = -24.69(kJ \cdot mol^{-1})$$

因为 $\Delta_r G_m^\ominus < 0$，所以在298K标准状态下正反应自发进行。

（2）$T = \dfrac{\Delta_r H_m^\ominus}{\Delta_r S_m^\ominus} = \dfrac{-90.67 \times 10^3}{-221.4} = 409.5(K)$

例5 已知反应：

	$SO_2(g)$	+ $1/2O_2(g)$	$\rightleftharpoons$ $SO_3(g)$
$\Delta_f H_m^\ominus/(kJ \cdot mol^{-1})$	−296.8		−395.7
$S_m^\ominus/(J \cdot mol^{-1} \cdot K^{-1})$	248.2	205.2	256.8

通过计算说明在800K下，SO_3、SO_2、O_2 的分压分别为100kPa、25kPa、25kPa时，反应是否自发进行？

解

$$\Delta_r H_m^\ominus = -395.7 - (-296.8) = -98.9(kJ \cdot mol^{-1})$$

$$\Delta_r S_m^\ominus = 256.8 - 248.2 - 205.2 \times 0.5 = -94.0(J \cdot mol \cdot K^{-1})$$

$$\Delta_r G_m^\ominus = \Delta_r H_m^\ominus - T\Delta_r S_m^\ominus = -98.9 - 800 \times (-94.0) \times 10^{-3} = -23.7(kJ \cdot mol^{-1})$$

$$Q = \frac{p_{SO_3}/p^\ominus}{(p_{SO_2}/p^\ominus)(p_{O_2}/p^\ominus)^{1/2}} = \frac{100/100}{(25/100)^{3/2}} = 8$$

$$\Delta_r G_m = \Delta_r G_m^\ominus + RT\ln Q = -23.7 + 8.314 \times 800 \times 10^{-3} \times 2.303\lg 8 = -9.9(kJ \cdot mol^{-1}) < 0$$

所以反应自发进行。

例6 在497℃、100kPa下，在某一容器中，反应 $2NO_2(g) \rightleftharpoons 2NO(g) + O_2(g)$ 建立平衡，有56%的 NO_2 转化为NO和 O_2，求 $K^\ominus$。若要使 NO_2 转化率增加到80%，则平衡时压力为多少？

解 根据题意，首先要确定各平衡物质的量，然后通过相对分压求解平衡常数（求标准平衡常数对于气体，一定用相对分压）。然后，由于压力的改变不改变平衡常数，再求解新条件下的平衡情况，从而求出平衡压力。

假设某容器中有1mol的 NO_2 气体

(1)	$2NO_2(g) \rightleftharpoons$	$2NO(g)$ +	$O_2(g)$
初始时物质的量/mol	1	0	0
平衡时物质的量/mol	1－0.56	0.56	0.28
平衡时总物质的量：	(1－0.56)＋0.56＋0.28＝1.28(mol)		
平衡时各物质摩尔分数	(1－0.56)/1.28	0.56/1.28	0.28/1.28
	0.34	0.44	0.22
平衡时各物质相对分压	$0.34p/p^\ominus$	$0.44p/p^\ominus$	$0.22p/p^\ominus$

因为 $p/p^\ominus=1$，根据 $K^\ominus=\dfrac{(p_G/p^\ominus)^g(p_D/p^\ominus)^d}{(p_A/p^\ominus)^a(p_M/p^\ominus)^m}$，得

$$K^\ominus=[(0.22p/p^\ominus)(0.44p/p^\ominus)^2]/(0.34p/p^\ominus)^2$$
$$=(0.44^2\times0.22)/0.34^2=0.37$$

(2)	$2NO_2(g) \rightleftharpoons$	$2NO(g)$ +	$O_2(g)$
初始时物质的量/mol	1	0	0
平衡时物质的量/mol	1－0.8	0.8	0.4
平衡时总物质的量：	(1－0.8)＋0.8＋0.4＝1.4(mol)		
平衡时各物质摩尔分数	(1－0.8)/1.4	0.8/1.4	0.4/1.4
	0.14	0.57	0.29
平衡时各物质相对分压	$0.14p/p^\ominus$	$0.57p/p^\ominus$	$0.29p/p^\ominus$

$$K^\ominus=[(0.29p/p^\ominus)(0.57p/p^\ominus)^2]/(0.14p/p^\ominus)^2$$
$$=4.8p/p^\ominus=0.37$$
$$p=7.7\text{kPa}$$

若要使 NO_2 转化率增加到 80%，则平衡时压力为 7.7kPa。

例 7 一定温度、100kPa 时，N_2O_4 部分分解，反应式为 $N_2O_4 \rightleftharpoons 2NO_2$，当体系平衡时有 50% N_2O_4 分解，计算该温度下反应的平衡常数；当总压减小时，N_2O_4 解离度将如何变化？简要说明原因。

解 设 N_2O_4 初始物质的量为 1.0mol

	$N_2O_4 \rightleftharpoons$	$2NO_2$
反应初始物质的量/mol	1.0	0
反应平衡物质的量/mol	0.50	1.0
总平衡物质的量/mol	1.50	
平衡时的摩尔分数 x_i	0.50/1.50	1.0/1.50

$$K^\ominus=\frac{\left(\frac{1.0}{1.50}\times\frac{100}{100}\right)^2}{\frac{0.50}{1.50}\times\frac{100}{100}}=\frac{1}{0.50\times1.50}=1.33$$

当总压减小时，N_2O_4 解离度将增加。因为减压，平衡向气体分子数增加的方向移动。

例 8 在 250℃时，反应 $PCl_5(g) \rightleftharpoons PCl_3(g)+Cl_2(g)$ 的标准平衡常数 $K^\ominus=1.78$。如果将一定量的 PCl_5 注入一密闭容器中，在 250℃、200kPa 下反应达到平衡，求 PCl_5 的转化率是多少？若向平衡体系中通入氯气，PCl_5 的转化率是否改变？

解　设平衡时 PCl_3 为 x mol

$$PCl_5(g) \rightleftharpoons PCl_3(g) + Cl_2(g)$$

平衡时物质的量/mol　　$1-x$　　x　　x

$$p_{PCl_5} = p_{总}\frac{1-x}{1+x} = 200\times\frac{1-x}{1+x}$$

$$p_{PCl_3} = p_{Cl_2} = 200\times\frac{x}{1+x}$$

$$K^{\ominus} = \frac{\left(\frac{200}{100}\times\frac{x}{1+x}\right)^2}{\frac{200}{100}\times\frac{1-x}{1+x}} = \frac{2x^2}{1-x^2} = 1.78$$

$$x = 0.686\text{mol}$$

$$\alpha = (0.686/1)\times 100\% = 68.6\%$$

恒温恒容加惰性气体，平衡不移动，故 PCl_5 转化率不变。

例 9　已知 $CO_2(g) + H_2(g) \rightleftharpoons CO(g) + H_2O(g)$ 在 873K 时的标准平衡常数为 0.54，计算在 873K 时 4.0mol CO_2 和 6.0mol H_2 混合于密闭反应器中，达到平衡时 CO_2 的转化率。

解　设平衡时 CO_2 转化了 x mol

$$CO_2(g) + H_2(g) \rightleftharpoons CO(g) + H_2O(g)$$

初始物质的量/mol	4	6	0	0
平衡物质的量/mol	$4-x$	$6-x$	x	x
$n_{总}$/mol		10		
平衡摩尔分数	$(4-x)/10$	$(6-x)/10$	$x/10$	$x/10$

$$K^{\ominus} = \frac{\left(\frac{x}{10}\times\frac{p}{p^{\ominus}}\right)^2}{\left(\frac{4-x}{10}\times\frac{p}{p^{\ominus}}\right)\left(\frac{6-x}{10}\times\frac{p}{p^{\ominus}}\right)} = \frac{x^2}{(4-x)(6-x)} = 0.54$$

$$0.46x^2 + 5.4x - 12.96 = 0 \qquad x = 2.044\text{mol}$$

$$\alpha_{CO_2} = \frac{2.044}{4}\times 100\% = 51.1\%$$

例 10　在 673K 时，氨的合成反应 $3H_2(g) + N_2(g) \rightleftharpoons 2NH_3(g)$，$K^{\ominus} = 1.7\times 10^{-4}$，若在 673K 时 H_2 与 N_2 以 3∶1 的体积比于密闭容器中反应，达到平衡时，氨的体积分数为 40%，计算平衡时的总压。

解　因恒温恒压下，体积比等于物质的量之比，设平衡后总物质的量为 1mol。

$$3H_2(g) + N_2(g) \rightleftharpoons 2NH_3(g)$$

初始物质的量/mol	3	1	0
平衡摩尔分数	0.45	0.15	0.40
设总压为 p			
平衡时分压	$0.45p$	$0.15p$	$0.40p$

$$K^{\ominus} = \frac{\left(\frac{p_{NH_3}}{p^{\ominus}}\right)^2}{\frac{p_{N_2}}{p^{\ominus}}\times\left(\frac{p_{H_2}}{p^{\ominus}}\right)^3} = \frac{\left(\frac{0.4p}{100}\right)^2}{\frac{0.15p}{100}\times\left(\frac{0.45p}{100}\right)^3} = 1.7\times 10^{-4}$$

整理上式得

$$\left(\frac{p}{100}\right)^2=\frac{0.16}{0.15\times0.091\times1.7\times10^{-4}}=6.9\times10^4$$

$$\frac{p}{100}=262.6\qquad p=2.63\times10^4(\text{kPa})$$

习题

一、选择题

1. 下列叙述正确的是（　　）。

A. 温度升高反应速率加快，同一反应，升高同样温度，在高温区升温比在低温区升温更有利

B. 若某基元反应的速率常数为 $0.032\text{mol}^{-1}\cdot\text{L}\cdot\text{s}^{-1}$，则可确定该反应为二级反应

C. 某基元反应 $E_{a正}=120\text{kJ}\cdot\text{mol}^{-1}$，$E_{a逆}=60\text{kJ}\cdot\text{mol}^{-1}$，则反应热为 $180\text{kJ}\cdot\text{mol}^{-1}$

D. $2NO(g) \xlongequal{} N_2(g)+O_2(g)$ 是熵等于零的反应

2. 下列属于状态函数的是（　　）。

A. 反应热　　B. 熵变　　C. 吉布斯自由能　　D. 体积功

3. 对于可逆反应 $C(s)+H_2O(g) \rightleftharpoons CO(g)+H_2(g)$，$\Delta H>0$，下列说法错误的是（　　）。

A. 升高温度，平衡常数增大，平衡正向移动

B. 恒温恒压下加入惰性气体，平衡正向移动

C. 降低温度、通入水蒸气都能提高平衡转化率

D. 加入催化剂，$v_正$ 和 $v_逆$ 增加的倍数相等，平衡不移动，平衡转化率不变

4. 下列叙述正确的是（　　）。

A. $H_2(g)+Cl_2(g) \xlongequal{} 2HCl(g)$是一个熵等于零的反应

B. 增加浓度、升高温度、加催化剂，均会使活化分子百分数增加，从而显著加快反应速率

C. 恒温恒压下加惰性气体，可提高乙烷裂解生成乙烯的转化率

D. 对于反应前后分子数相等的反应，增加压力对平衡无影响

5. 已知 $Cu_2O(s)+1/2O_2(g) \xlongequal{} 2CuO(s)$的 $\Delta_r H_m^{\ominus}=-146\text{kJ}\cdot\text{mol}^{-1}$，$CuO(s)+Cu(s) \xlongequal{} Cu_2O(s)$的 $\Delta_r H_m^{\ominus}=-11.3\text{kJ}\cdot\text{mol}^{-1}$，计算 $\Delta_f H_m^{\ominus}(CuO)=$（　　）$\text{kJ}\cdot\text{mol}^{-1}$。

A. −157.3　　B. −11.3　　C. −146　　D. 157.3

6. 下列叙述正确的是（　　）。

A. 升温反应速率加快，升高同样温度，吸热反应速率增加的倍数较多

B. 某基元反应 $E_{a正}=210\text{kJ}\cdot\text{mol}^{-1}$，$\Delta H=120\text{kJ}\cdot\text{mol}^{-1}$，则逆反应的活化能为 $90\text{kJ}\cdot\text{mol}^{-1}$

C. 升温，平衡常数增大，平衡正向移动

D. 加催化剂，正逆反应速率增加的数值相等

7. 下列叙述错误的是（　　）。

A. T、p、V、H、G、W、Q、S、U 均为状态函数

B. 升高同样温度，一般化学反应速率增加倍数较多的是活化能较大的反应

C. 若某基元反应的速率常数为 0.0205mol・L^{-1}・s^{-1}，则可确定该反应为零级反应

D. 某反应放热 −80kJ・mol^{-1}，该反应活化能为 110kJ・mol^{-1}，其逆反应活化能为 190kJ・mol^{-1}

8. 已知某化学反应是吸热反应，欲使此化学反应的速率常数 k 和标准平衡常数 $K^{\ominus}$ 都增加，则反应的条件是（　　）。

A. 恒温增加反应物浓度　　B. 升高温度

C. 恒温加催化剂　　D. 恒温改变总压力

9. 下述反应在 100kPa、298K 时是非自发的，在高温时可变成自发的是（　　）。

A. $H_2 + Cl_2 = 2HCl$，$\Delta_r H_m^{\ominus} = -184.2kJ \cdot mol^{-1}$

B. $CO + 2H_2 = CH_3OH(g)$，$\Delta_r H_m^{\ominus} = -90.67kJ \cdot mol^{-1}$

C. $N_2 + 2H_2 = N_2H_4(l)$，$\Delta_r H_m^{\ominus} = 50.6kJ \cdot mol^{-1}$

D. $2NO_2 = 2NO + O_2$，$\Delta_r H_m^{\ominus} = 116.2kJ \cdot mol^{-1}$

10. 某汽缸中有气体 1.50L，在 100kPa 下气体从环境吸收了 800J 的热量后，在恒压下体积膨胀到 2.00L，则系统的 ΔU =（　　）J。

A. 850　　B. −750　　C. 800　　D. 750

11. 已知 $N_2O_4 \rightleftharpoons 2NO_2$ 为吸热反应，在一定温度和压力下体系达到平衡后，如果体系的条件发生如下变化，问哪一种变化将使 N_2O_4 的解离度增加？（　　）

A. 使体系的体积减小 50%

B. 保持体积不变，加入 Ar 气使体系压力增大一倍

C. 体系压力保持不变，加入 Ar 气使体积增大一倍

D. 降低体系的温度

12. H_2 和 O_2 在绝热缸筒中反应生成水，则下列状态函数变化值为零的是（　　）。

A. ΔU　　B. ΔH　　C. ΔS　　D. ΔG

13. 反应 $N_2(g) + 3H_2(g) \rightleftharpoons 2NH_3(g)$ 达到平衡后，把 $p(NH_3)$、$p(H_2)$ 各提到原来的 2 倍，$p(N_2)$ 不变，则平衡将会（　　）。

A. 向正向移动　　B. 向逆向移动　　C. 不移动　　D. 无法确知

14. 升高同样温度，一般化学反应速率增大倍数较多的是（　　）。

A. 吸热反应　　B. 放热反应　　C. E_a 较大的反应　　D. E_a 较小的反应

15. 使总压力为 6933Pa 的 C_2H_4 和过量 H_2 的混合气体通过铂催化剂进行反应：$C_2H_4(g) + H_2(g) = C_2H_6(g)$。完全反应后，在相同体积和温度下总压力为 4533Pa，原来的混合物中 C_2H_4 的摩尔分数为（　　）。

A. 0.35　　B. 0.25　　C. 0.55　　D. 0.15

16. 1.0mol 理想气体 19.5L，在 350K 和 150kPa 条件下，经恒压冷却至体积为 17.0L，放热 630J，热力学能变化 ΔU =（　　）。

A. −375J　　B. −255J　　C. −630J　　D. 255J

17. 压力对平衡移动无影响，降温能使反应体系正向移动的是（　　）。

A. $2HgO(s) = 2Hg(g) + O_2(g)$　　$\Delta H > 0$

B. $H_2(g) + Cl_2(g) \longequal 2HCl(g)$ $\Delta H<0$

C. $N_2(g) + 3H_2(g) \longequal 2NH_3(g)$ $\Delta H<0$

D. $2Cl_2(g) + 2H_2O(g) \longequal 4HCl(g) + O_2(g)$ $\Delta H>0$

18. $C(s)+1/2O_2(g) \longequal CO(g)$ 的 $\Delta H^{\ominus}=-110kJ \cdot mol^{-1}$，$CO(g)+1/2O_2(g) \longequal CO_2(g)$ 的 $\Delta H^{\ominus}=-283kJ \cdot mol^{-1}$，则 $CO_2(g)$ 的标准摩尔生成焓 $\Delta_f H_m^{\ominus}=$（　　）$kJ \cdot mol^{-1}$。

A. -283　　B. -110　　C. -393　　D. 393

19. 甲醇是重要的化学工业基础原料和清洁液体燃料，工业上可利用CO或CO_2来生产燃料甲醇，在500℃下化学反应平衡常数如下：

$$CO(g)+2H_2(g) \rightleftharpoons CH_3OH(g), K_1^{\ominus}=2.5$$

$$CO_2(g)+H_2(g) \rightleftharpoons H_2O(g)+CO(g), K_2^{\ominus}=1.0$$

则 $CO_2(g)+3H_2(g) \rightleftharpoons CH_3OH(g)+H_2O(g)$ 的平衡常数 $K_3^{\ominus}=$（　　）。

A. 2.0　　B. 2.5　　C. 1.0　　D. 3.5

20. 某基元反应 $A+B \rightleftharpoons D$，$E_{a(正)}=600kJ \cdot mol^{-1}$，$E_{a(逆)}=150kJ \cdot mol^{-1}$，则该反应的热效应 $\Delta_r H_m$ 是（　　）。

A. $450kJ \cdot mol^{-1}$　　B. $-450kJ \cdot mol^{-1}$　　C. $750kJ \cdot mol^{-1}$　　D. $375kJ \cdot mol^{-1}$

21. 下列叙述中正确的是（　　）。

A. 溶液中的反应一定比气相中反应速率大

B. 反应活化能越小，反应速率越大

C. 增大系统压力，反应速率一定增大

D. 加入催化剂，可使 $E_{a(正)}$ 和 $E_{a(逆)}$ 减小相同倍数

22. 反应 $CaCO_3(s) \rightleftharpoons CaO(s)+CO_2(g)$，在高温时正反应自发进行，其逆反应在298K时为自发的，则逆反应的 $\Delta_r H_m^{\ominus}$ 与 $\Delta_r S_m^{\ominus}$ 的关系是（　　）。

A. $\Delta_r H_m^{\ominus}>0$ 和 $\Delta_r S_m^{\ominus}>0$　　B. $\Delta_r H_m^{\ominus}<0$ 和 $\Delta_r S_m^{\ominus}>0$

C. $\Delta_r H_m^{\ominus}>0$ 和 $\Delta_r S_m^{\ominus}<0$　　D. $\Delta_r H_m^{\ominus}<0$ 和 $\Delta_r S_m^{\ominus}<0$

23. 下列热力学函数等于零的是（　　）。

A. $S_m^{\ominus}$ (O_2, g)　　B. $\Delta_f H_m^{\ominus}$ (I_2, g)

C. $\Delta_f G_m^{\ominus}$ (P_4, s)　　D. $\Delta_f G_m^{\ominus}$（金刚石）

24. 下列反应中 $\Delta_r S_m^{\ominus}>0$ 的是（　　）。

A. $CO(g) + Cl_2(g) \longrightarrow COCl_2(g)$　　B. $N_2(g) + O_2(g) \longrightarrow 2NO(g)$

C. $NH_4HS(s) \longrightarrow NH_3(g) + H_2S(g)$　　D. $2HBr(g) \longrightarrow H_2(g) + Br_2(l)$

25. 下列符号表示状态函数的是（　　）。

A. $\Delta_r U_m$　　B. $S_m^{\ominus}$　　C. $\Delta_r H_m^{\ominus}$　　D. G

26. 在某容器中加入相同物质的量的NO和Cl_2，在一定温度下发生反应 $NO(g)+1/2Cl_2(g) \rightleftharpoons NOCl(g)$，平衡时，有关各物质分压的结论正确的是（　　）。

A. $p_{(NO)}=p_{(Cl_2)}$　　B. $p_{(NO)}=p_{(NOCl)}$

C. $p_{(NO)}<p_{(Cl_2)}$　　D. $p_{(NO)}>p_{(Cl_2)}$

27. 增大反应物浓度，使反应速率加快的原因是（　　）。

A. 分子数目增加　　B. 反应系统混乱度增加

C. 活化分子百分数增加　　D. 单位体积内活化分子总数增加

二、填空题

1. 反应 $C(s)+H_2O \rightleftharpoons CO(g)+H_2(g)$ 的 $\Delta_r H_m^{\ominus}=134kJ\cdot mol^{-1}$，当升高温度时，该反应的平衡常数 $K^{\ominus}$ 将________；系统中，CO(g) 的含量有可能________。增大系统压力会使平衡________移动；保持温度和体积不变，加入 $N_2(g)$，平衡________移动。

2. 反应 $N_2O_4(g) \rightleftharpoons 2NO_2(g)$ 是一个熵________的反应。在恒温恒压下达到平衡，若使 $n_{(N_2O_4)}:n_{(NO_2)}$ 增大，平衡将向________移动，$n_{(NO_2)}$ 将________；若向该系统中加入 Ar(g)，$n_{(NO_2)}$ 将________；$\alpha_{(N_2O_4)}$ 将________。

3. 如果反应 A 的 $\Delta_r G_{m1}^{\ominus}<0$，反应 B 的 $\Delta_r G_{m2}^{\ominus}<0$，$|\Delta_r G_{m1}^{\ominus}|=\frac{1}{2}|\Delta_r G_{m2}^{\ominus}|$，则 $K_1^{\ominus}$ 等于 $K_2^{\ominus}$ 的________倍。两反应的速率常数的相对大小________。

4. 已知下列反应及其平衡常数：

$$4HCl(g)+O_2(g) \xrightleftharpoons{T} 2Cl_2(g)+2H_2O(g) \qquad K_1^{\ominus}$$

$$2HCl(g)+\frac{1}{2}O_2(g) \xrightleftharpoons{T} Cl_2(g)+H_2O(g) \qquad K_2^{\ominus}$$

$$\frac{1}{2}Cl_2(g)+\frac{1}{2}H_2O(g) \xrightleftharpoons{T} HCl(g)+\frac{1}{4}O_2(g) \qquad K_3^{\ominus}$$

则 $K_1^{\ominus}$、$K_2^{\ominus}$、$K_3^{\ominus}$ 之间的关系是______；如果在某容器中加入 8mol HCl(g) 和 2mol $O_2(g)$，按上述三个反应方程式计算平衡组成，最终组成将________。若在相同温度下，同一容器中由 4mol HCl(g)、1mol $O_2(g)$、2mol $Cl_2(g)$ 和 2mol $H_2O(g)$ 混合，平衡组成与前一种情况相比将________。

5. 对于________反应，其反应级数一定等于反应物计量系数________。速率常数的单位由________决定。若某反应速率常数 k 的单位是 $mol^{-2}\cdot L^2\cdot s^{-1}$，则该反应的反应级数是________。

6. 反应 $A(g)+2B(g) \longrightarrow C(g)$ 的速率方程为：$v=kC_AC_B^2$。该反应________是基元反应。当 B 的浓度增加 2 倍时，反应速率将增大________倍；当反应容器的体积增大到原体积的 3 倍时，反应速率将增大________倍。

7. 在化学反应中，可加入催化剂以加快反应速率，主要是因为________反应活化能，________增加，速率常数 k________。

8. 对于可逆反应，当升高温度时，其速率常数 $k_{正}$ 将________，$k_{逆}$ 将________。当反应为________热反应时，平衡常数 $K^{\ominus}$ 将增大，该反应的 $\Delta_r G_m^{\ominus}$ 将________；当反应为________热反应时，平衡常数将减小。

9. 已知 $Cu_2O(s)+1/2O_2(g) \rightleftharpoons 2CuO(s)$ 的平衡常数为 $K_1^{\ominus}$，$CuO(s)+Cu(s) \rightleftharpoons Cu_2O(s)$ 的平衡常数为 $K_2^{\ominus}$，则反应 $Cu(s)+1/2O_2(g) \rightleftharpoons CuO(s)$ 的平衡常数 $K^{\ominus}=$________。

10. 已知 298K、恒压下，$CaCO_3(s) \rightleftharpoons CaO(s)+CO_2(g)$ 的标准摩尔反应热为 $179kJ\cdot mol^{-1}$，则体积功为________$kJ\cdot mol^{-1}$，热力学能变 $\Delta U=$________$kJ\cdot mol^{-1}$。

11. 已知 $Cu_2O(s)+1/2O_2(g) \rightleftharpoons 2CuO(s)$ 及 $CuO(s)+Cu(s) \rightleftharpoons Cu_2O(s)$ 的标准摩尔反应热分别为 $A\,kJ\cdot mol^{-1}$ 和 $B\,kJ\cdot mol^{-1}$，则 CuO 的标准摩尔生成焓为________

$kJ \cdot mol^{-1}$。

12. 反应 $Ag_2O(s) \rightleftharpoons 2Ag(s) + 1/2O_2(g)$ 在高温正向自发进行，可确定该反应是一个吸热、熵________的反应。

13. 工业上由 CO 和 H_2 合成甲醇：

$$CO(g) + 2H_2(g) \rightleftharpoons CH_3OH(g)$$

其 $\Delta_r H_m^{\ominus}$ (298K) $= -90.67kJ \cdot mol^{-1}$，$\Delta_r S_m^{\ominus}$ (298K) $= -221.4J \cdot mol^{-1} \cdot K^{-1}$。为了加快反应速率必须升高温度，但温度不得超过________K。

14. 反应 $2NO_2(g) \rightleftharpoons 2NO(g) + O_2(g)$ 达到平衡后，将所有气体分压增加 1 倍，平衡将向________反应方向移动。恒温恒压下加氦气，NO_2 转化率将________。

15. $C(s) + 1/2O_2(g) = CO(g)$ 的 $\Delta H^{\ominus} = -110kJ \cdot mol^{-1}$，$CO(g) + 1/2O_2(g) = CO_2(g)$ 的 $\Delta H^{\ominus} = -283kJ \cdot mol^{-1}$，则 $CO_2(g)$ 的标准摩尔生成焓 $\Delta_f H_m^{\ominus} =$________$kJ \cdot mol^{-1}$。

16. 有一煤气罐容积为 100L，27℃时压力为 500kPa，经气体分析，煤气中含 CO 的体积分数为 0.60，H_2 的体积分数为 0.10，其余气体的体积分数为 0.30。储罐中 CO 的物质的量为________mol。

17. 目前国际空间站处理 CO_2 的一个重要方法是 Ru 催化下将 CO_2 还原，反应方程式为：$CO_2(g) + 4H_2(g) \rightleftharpoons CH_4(g) + 2H_2O(g)$。已知氢气的体积分数随温度的升高而增加，若温度从 300℃升至 400℃，反应速率将________，平衡常数将________。

18. 已知 $2C(s) + O_2(g) = 2CO(g)$ 的 $\Delta_r H_m^{\ominus} = -221.0kJ \cdot mol^{-1}$，$2H_2(g) + O_2(g) = 2H_2O(g)$ 的 $\Delta_r H_m^{\ominus} = -483.6kJ \cdot mol^{-1}$，则制备水煤气的反应 $C(s) + H_2O(g) = CO(g) + H_2(g)$ 的标准摩尔反应焓 $\Delta_r H_m^{\ominus} =$________$kJ \cdot mol^{-1}$。

三、计算题

1. 计算标准状态下 $MgCO_3(s)$ 热分解反应自发进行的最低温度；若使分解反应在 500K 时进行，CO_2 分压最高不超过多少？

	$MgCO_3(s) \rightleftharpoons$	$MgO(s) +$	$CO_2(g)$
$\Delta_f H_m^{\ominus}/(kJ \cdot mol^{-1})$	−1095.8	−601.6	−394.0
$S_m^{\ominus}/(J \cdot mol^{-1} \cdot K^{-1})$	65.7	27.0	214.0

2. 将 CO_2 与 NH_3 混合，在一定条件下反应合成尿素，可以保护环境，变废为宝。反应式为：$CO_2(g) + 2NH_3(g) \rightleftharpoons CO(NH_2)_2(s) + H_2O(g)$。计算说明在 298K 标准态下能否自发进行？若使反应在标准态下正向自发进行，温度应不超过多少？

	$CO_2(g) +$	$2NH_3(g) \rightleftharpoons$	$CO(NH_2)_2(s) +$	$H_2O(g)$
$\Delta_f H_m^{\ominus}(298K)/(kJ \cdot mol^{-1})$	−393.5	−45.9	−333.1	−241.8
$S_m^{\ominus}(298K)/(J \cdot mol^{-1} \cdot K^{-1})$	213.8	192.8	104.6	188.8

3. 计算 CO_2 的压力为 100kPa 时，$BaCO_3$ 分解的最低温度。1000K 下，CO_2 的压力为 1.0kPa 时，$BaCO_3$ 分解反应能否自发进行？

	$BaCO_3(s) \rightleftharpoons$	$BaO(s) +$	$CO_2(g)$
$\Delta_f H_m^{\ominus}/(kJ \cdot mol^{-1})$	−1213	−548	−393.5
$S_m^{\ominus}/(J \cdot mol^{-1} \cdot K^{-1})$	112.1	72.1	213.7

4. 银器与含有 H_2S 的空气接触时，表面会因生成 Ag_2S 而发暗。试通过热力学计算说明在室温 298K 和标准态下，银与 H_2S 能否反应生成 H_2？若在标准态下将生成的 Ag_2S 还原为银，反应温度最低不得少于多少 K？

	$2Ag(s)$	$+H_2S(g)$	$=Ag_2S(s)$	$+H_2(g)$
$\Delta_f H_m^{\ominus}/(kJ\cdot mol^{-1})$	0	−20.6	−32.6	0
$S_m^{\ominus}/(J\cdot mol^{-1}\cdot K^{-1})$	42.6	205.8	144.0	130.7

5. $CaCO_3$ 热分解反应如下，计算：①298K 时的 ΔG，判断 298K 时反应自发进行的方向；②标准态下 $CaCO_3$(s) 热分解反应的最低温度。

	$CaCO_3(s)$	$\rightleftharpoons CaO(s)$	$+CO_2(g,20kPa)$
$\Delta_f H_m^{\ominus}/(kJ\cdot mol^{-1})$	−1207.0	−635.0	−394.0
$S_m^{\ominus}/(J\cdot mol^{-1}\cdot K^{-1})$	92.0	39.0	214.0

6. 已知 $CO(g)+H_2O(g) \rightleftharpoons CO_2(g)+H_2(g)$ 在 830℃ 时标准平衡常数为 1.0，在 830℃ 时往 2L 密闭容器中加入 4.0mol CO 和 6.0mol 的水蒸气，10min 后达到平衡。计算达到平衡时 CO 的转化率，以及 10min 内用氢气表示的平均速率。

7. COS 可作为一种粮食熏蒸剂，防止某些昆虫、线虫和真菌的危害。在恒容密闭容器中，将 CO 和 H_2S 混合加热并达到下列平衡：$CO(g)+H_2S(g) \rightleftharpoons COS(g)+H_2(g)$。反应前 CO 的物质的量为 10mol，$H_2S$ 的物质的量为 7mol，平衡后 CO 的物质的量为 8mol，计算该温度下 CO 的转化率及反应的平衡常数。

8. 反应 $H_2(g)+I_2(g) \rightleftharpoons 2HI(g)$ 在 700K 时的标准平衡常数 $K^{\ominus}=55.4$。若将 2mol H_2 和 2mol I_2 作用于 2.0L 的容器内，在该温度下达到平衡时，计算生成 HI 的物质的量和 H_2 的转化率。

9. 为了缓解温室效应，科学家提出了多种回收和利用 CO_2 的方案，其中一种方案为利用 CO_2 制备甲烷。300℃ 时向 2L 密闭容器中充入 2mol CO_2 和 8mol H_2 发生反应 $CO_2(g)+4H_2(g) \rightleftharpoons CH_4(g)+2H_2O(g)$，达到平衡时甲烷的物质的量为 1.6mol，计算反应的标准平衡常数。

10. 设汽车内燃机温度因燃料燃烧达到 1300℃，试计算此温度下下列反应的 $\Delta_r G_m^{\ominus}$ 和 $K^{\ominus}$ 值。

	$1/2N_2(g)$	$+1/2O_2(g)$	$\rightleftharpoons NO(g)$
$\Delta_f H_m^{\ominus}/(kJ\cdot mol^{-1})$	0	0	90.25
$S_m^{\ominus}/(J\cdot mol^{-1}\cdot K^{-1})$	191.61	205.14	210.76

四、简答题

1. 标准状况与标准态有何区别？
2. 化学反应方程式的系数与化学计量数有何异同？
3. 哪些状态函数具有加和性（广度性质）？
4. 以下说法是否恰当？为什么？
(1) 放热反应均是自发反应；
(2) 熵增反应均是自发反应；
(3) 在常温下不分解，是因为其分解反应为吸热反应；在高温下分解，是因为此时分解放热。

5. 能否用 $K^{\ominus}$ 的大小来判断反应自发性？为什么？

6. 若基元反应 $A \longrightarrow 2B$ 的活化能为 E_a，而其逆反应活化能为 E'_a，则：

（1）加催化剂后，E_a 和 E'_a 各有何变化？

（2）加不同的催化剂对 E_a 的影响是否相同？

（3）改变起始浓度，E_a 有何变化？

习题答案

一、选择题

1. B	2. C	3. C	4. C	5. A
6. B	7. A	8. B	9. D	10. D
11. C	12. B	13. A	14. C	15. A
16. B	17. B	18. C	19. B	20. A
21. B	22. D	23. C	24. BC	25. BD
26. C	27. D			

二、填空题

1. 增大；增加；向左；不会
2. 增加；右；增加；增加；增加
3. 1/2 次方；无法确定
4. $(K_1^\ominus)^{1/2}=K_2^\ominus=(K_3^\ominus)^2$；相同；不改变
5. 基元；之和；反应级数；3
6. 不一定；4；1/27
7. 降低了；活化分子数；增大
8. 增大；增大；吸；减小；放
9. $K_1^\ominus K_2^\ominus$
10. 2.48；176.5
11. $A+B$
12. 增加
13. 409.5
14. 逆；增加
15. −393
16. 12.0
17. 增加；减小
18. 131.3

三、计算题

1. 572K；4.9kPa
2. 不能自发进行；292.8K
3. 1563K；$\Delta_r G_m=59.5\text{kJ}\cdot\text{mol}^{-1}>0$，正反应非自发进行
4. $\Delta_r G_m^\ominus=-7.14\text{kJ}\cdot\text{mol}^{-1}<0$，正反应自发进行；736K
5. $\Delta_r G_m=130.0\text{kJ}\cdot\text{mol}^{-1}>0$，所以反应正向非自发进行；1105.6K
6. 60%；$v(H_2)=0.12\text{mol}\cdot\text{L}^{-1}\cdot\text{min}^{-1}$
7. 20%；0.10

8. 3.16mol；79.0%

9. 1.10×10^{4}

10. $70.76\text{kJ}\cdot\text{mol}^{-1}$；$4.48\times10^{-3}$

四、简答题

1. 标准状况指气体在 273.15K 和 101325Pa 下的理想气体状态。气体的标准态是在标准压力（$p^{\ominus}=100\text{kPa}$）下纯气体的状态；液体或固体的标准态是在标准压力下纯液体或纯固体的状态。

2. 对某一化学反应方程式来说，化学反应方程式的系数与化学计量数的绝对值相同，但化学反应方程式的系数为正值，而方程式中反应物的化学计量数为负值，生成物的化学计量数为正值。

3. V、U、H、S、G 具有加和性。

4.（1）不一定。因为 $\Delta_r S_m<0$ 的放热反应，在高温时 $\Delta_r G_m>0$，为非自发反应。

（2）不一定。因为 $\Delta_r H_m<0$ 的熵减反应，在常温下能自发进行。

（3）不正确。因为确定反应自发进行的判据是 $\Delta_r G_m(T)$，而不是反应热。通过热力学计算可知，该反应为吸热、熵增的反应，在常温下 $\Delta_r G_m>0$，该反应不能自发进行；高温下 $\Delta_r G_m<0$，该反应可自发进行。

5. 不能。$K^{\ominus}$ 只是表明化学反应限度的一种特征值，它只有与反应商 Q 相比较才能判断反应自发进行的方向。

6.（1）E_a 和 E_a' 等值降低；

（2）一般有不同的值；

（3）不变。

第4章

酸碱平衡

学习要求

① 掌握酸碱质子理论、酸碱的定义及其共轭关系、酸碱强弱及其衡量依据、$K_a^{\ominus}$ 与 $K_b^{\ominus}$ 的关系、溶液的酸碱性判断方法。

② 掌握解离平衡（含分级解离平衡）和其影响因素（稀释定律、同离子效应）及相关计算；了解盐效应以及温度对解离平衡的影响，了解酸度和 pH 值之间的关系。

③ 了解弱电解质在溶液中的分布和物料等衡关系；了解分布系数与分布曲线；会计算有关组分的平衡浓度，能分析并掌握多重平衡系统中的成分及其相互影响。

④ 熟悉质子条件，会写弱电解质的质子条件式（PBE）；能计算一元弱酸（碱）、多元酸（碱）、两性物质、弱酸（碱）及其共轭碱（酸）混合体系的 pH 值。

⑤ 理解缓冲溶液作用的基本原理，掌握缓冲能力的影响因素和缓冲溶液选择及其配制相关计算；理解酸碱指示剂作用原理，了解变色范围及其影响因素，简单了解混合指示剂。

⑥ 了解酸碱滴定曲线及滴定突跃的作用与意义，掌握化学计量点及滴定百分数±0.1%时的 pH 值计算，掌握影响 pH 突跃的主要因素；掌握指示剂的选择原则、实现准确滴定的条件；了解多元酸（碱）滴定的特点，掌握分步滴定的条件与原理，掌握酸碱滴定法的应用及测定结果的计算。

学习要点

1. 酸碱质子理论与酸碱平衡

酸碱反应的实质是两对共轭酸碱对之间质子的转移，酸碱是成对出现的且存在 $K_a^{\ominus}K_b^{\ominus}=K_w^{\ominus}$ 的共轭关系。明确共轭酸碱对之间只差一个质子，就不易搞混多元酸碱的各级解离常数之间的共轭关系了。酸碱的强弱可以用解离平衡常数和解离度的大小来衡量，但用解离度的时候必须是同温同浓度的情况下，两性物质比较酸式解离常数 $K_a^{\ominus}$ 与碱式解离常数 $K_b^{\ominus}$ 的大小就可以判断其酸碱性。

2. 影响酸碱解离的主要因素

当体系被适当稀释时，弱电解质的解离度会增大，但组分浓度不一定增大；加入易溶且具有同离子的强电解质会抑制弱电解质原有的解离平衡，所以弱电解质的解离度会减小；而加入易溶的强电解质会产生离子氛降低弱电解质的有效浓度，导致弱电解质的平衡正向移动，解离度增大。同离子效应存在时也存在盐效应，但一般浓度低时可以忽略。水解吸热导致升温，解离度增大，故四个主要影响因素中只有同离子效应会降低解离度。只要酸碱不太强、溶液浓度不太低，解离度和 pH 值的计算都用最简式即可。

3. 酸碱平衡中组分的分布及浓度计算

无论是一元弱酸（或弱碱），还是多元酸（或碱），在不同的酸度条件下达到解离平衡时，溶液中各种存在形式的分布不同，但各种存在形式的平衡浓度之和不变，始终等于总浓度（初始浓度），即弱电解质在水中解离达到平衡时存在物料等衡关系。分布系数是指一定酸度时，某弱电解质溶液中某种存在形式的平衡浓度占其总浓度的分数，pH 改变，分布系数随之改变，故可以衡量组分在一定酸度条件下的分布情况；而采用分布曲线则更加清晰明了，可以很直观判断不同 pH 下弱电解质的主要存在形式。

计算达到平衡时某种存在形式的浓度可以有两种方法：一是利用分布系数与平衡浓度的关系；二是直接根据解离平衡进行分析求解。利用解离平衡计算时，因为一级解离对二级解离存在抑制作用，只要 $\Delta pK^{\ominus} \geqslant 1.5$，就可以忽略二级解离，当作一元酸碱近似处理。

4. 溶液酸度的计算

溶液酸度的计算同样有两种方法：其一是根据溶液的质子条件式，代入相应的平衡关系，获得计算公式即可求得；其二是直接根据解离平衡求解。

质子条件式可以用零水准法或通过物料等衡以及电荷等衡等关系获得。其中零水准法的关键在于确定零水准，作为零水准的物质一般是参与质子转移的大量物质，对于水溶液体系，H_2O 就是其中一个零水准，零水准物质一定不能出现在质子条件式中。质子条件式就是酸碱溶液中质子转移的等衡关系式，通过它可以看出溶液的酸度（或碱度）是由哪几个解离平衡提供的，推导 pH 值计算公式时，可以忽略次要平衡保留主要平衡，从而得到近似式和最简式。

根据解离平衡求解酸度是一样的思路，只要酸碱不太强、溶液浓度不太低，根据平衡常数表达式作相应近似处理可得近似式和最简式。在应用公式时，首先要分析出是哪种体系，弱酸、弱碱、两性还是共轭体系等，再选用合适的公式进行计算，在多数情况下可以采用最简式。

5. 溶液酸度的控制与测试

溶液酸度的控制一般可以采用酸碱缓冲溶液，原因就在于其中存在浓度较大时能抗酸或抗碱的组分，并产生同离子效应导致共轭酸碱对浓度比基本不变。酸碱缓冲溶液的缓冲能力是有限的，一般来说酸碱缓冲溶液的总浓度越大，构成酸碱缓冲系统的两组分 HA 与 A^- 的浓度比值越接近 1，缓冲能力越强。酸碱缓冲溶液的缓冲范围也是有限的，对于 HA-A^- 酸碱缓冲系统，缓冲范围一般为：$pH \approx pK_a^{\ominus} \pm 1$。

酸碱缓冲溶液根据用途可以分为标准酸碱缓冲溶液与普通酸碱缓冲溶液，标准酸碱缓冲溶液主要用于校正酸度计，而普通酸碱缓冲溶液主要用于控制溶液酸度，其选用时主要考虑三点：一是不干扰反应体系；二是缓冲能力较强；三是所需控制的 pH 值应在缓冲范围内，即 $pK_a^{\ominus}$(HA) 应尽量与所需控制的 pH 值一致。配制普通酸碱缓冲溶液时，首先根据所需

pH 值和共轭体系 pH 计算公式 $pH=pK_a^{\ominus}+\lg\frac{c_b}{c_a}$，求得$\frac{c_b}{c_a}$，再根据其他条件算出 c_b 和 c_a，最后找出配制该缓冲溶液所需酸碱的质量或体积。

溶液酸度的测试可以用酸度计测量、用 pH 试纸测试或用酸碱指示剂判断。pH 试纸是由多种酸碱指示剂按一定的比例混合浸制而成的，而酸碱指示剂一般都是弱的有机酸或有机碱，在不同的酸度条件下具有不同的结构和对应的颜色，当溶液酸度发生改变时使溶液颜色发生相应改变。酸碱指示剂的理论变色范围一般为 $pH\approx pK_{HIn}^{\ominus}\pm1$，但由于人眼对不同颜色的敏感程度不同，温度、溶剂的改变以及溶剂用量都会影响指示剂实际变色范围。

6. 酸碱滴定法及应用

本章所讨论的是采用酸碱指示剂指示终点的酸碱滴定法。指示剂的选择主要依据滴定曲线。滴定曲线可以通过酸度计由实验测得，也可以由计算获得，即在滴定过程中随着滴定剂的加入，体系在改变，pH 计算公式在改变，从而找出 V-pH 之间的关系。滴定突跃是指化学计量点前后 0.1%范围内的 pH 值变化，即滴定分数为 0.999 至 1.001 时所对应的溶液的 pH 值。影响滴定突跃的主要因素为滴定系统的浓度以及被滴酸（或碱）的强度。浓度越大，被滴的酸（或碱）越强，突跃范围就越宽。因此，只有满足 $cK_a^{\ominus}$（或 $cK_b^{\ominus}$）$\geqslant10^{-8}$ 的弱酸（或弱碱）才能实现准确滴定，否则只能采用间接滴定法进行测定。

指示剂的选择原则主要是其变色范围应处于或部分处于滴定的 pH 突跃范围之内。强碱滴定一元弱酸，化学计量点处于弱碱性区域，只能选择在弱碱性范围变色的指示剂；强酸滴定一元弱碱，化学计量点处于弱酸性区域，只能选择在弱酸性范围变色的指示剂。对于多元酸（或多元碱）的滴定，首先应根据 $cK_{an}^{\ominus}$（或 $cK_{bn}^{\ominus}$）$\geqslant10^{-8}$ 判断能出现几个化学计量点，然后根据 $K_{an}^{\ominus}/K_{an+1}^{\ominus}\geqslant10^4$（允许误差±1%，对多元碱 $K_{bn}^{\ominus}/K_{bn+1}^{\ominus}\geqslant10^4$）来判断能否实现分步滴定，再由终点 pH 值选择合适的指示剂。

酸碱滴定法的应用主要是双指示剂法测定混合碱的组成，根据使用不同指示剂时消耗的盐酸量，即比较 V_1 和 V_2 的大小，判断出混合碱的组成，再利用体积和其他条件计算出各组分的质量分数。注意各组分含量之和不一定等于 100%，因为可能有不与酸反应的其他杂质。

典型例题

例 1　用合适的方程式来说明下列物质既是酸又是碱：

$$NH_3、H_2PO_4^-$$

解　既能给出质子又能得到质子的物质是酸又是碱，即两性物质。

$$NH_3(l)+NH_3(l)\rightleftharpoons NH_4^++NH_2^-$$

$$H_2PO_4^-\rightleftharpoons HPO_4^{2-}+H^+$$

$$H_2PO_4^-+H_2O\rightleftharpoons H_3PO_4+OH^-$$

例 2　某温度下，$c(NH_3)=0.1000mol\cdot L^{-1}$ 的 $NH_3\cdot H_2O$ 溶液的 pH=11.10，求 $NH_3\cdot H_2O$ 的解离常数。

解

$$K_b^{\ominus}(NH_3)=\frac{[NH_4^+][OH^-]}{[NH_3]}$$

已知 pH=11.10，[H^+] $=10^{-11.10}$mol·L^{-1}，则：

$$[OH^-]=[NH_4^+]=10^{-2.90}\text{mol}\cdot L^{-1}$$

$$[NH_3]\approx 0.1000\text{mol}\cdot L^{-1}$$

$$K_b^{\ominus}(NH_3)=(10^{-2.90})^2/0.1000=1.6\times 10^{-5}$$

例 3 已知 $H_2C_2O_4$ 的 $pK_{a1}^{\ominus}=1.23$，$pK_{a2}^{\ominus}=4.19$。在 pH=1.00 和 4.00 时，溶液中 $H_2C_2O_4$、$HC_2O_4^-$、$C_2O_4^{2-}$ 三种形式的分布系数 δ_2、δ_1 和 δ_0 各为多少？

解

$$\delta_2=\frac{[H^+]^2}{[H^+]^2+[H^+]K_{a1}^{\ominus}+K_{a1}^{\ominus}K_{a2}^{\ominus}}$$

$$\delta_1=\frac{[H^+]K_{a1}^{\ominus}}{[H^+]^2+[H^+]K_{a1}^{\ominus}+K_{a1}^{\ominus}K_{a2}^{\ominus}}$$

$$\delta_0=\frac{K_{a1}^{\ominus}K_{a2}^{\ominus}}{[H^+]^2+[H^+]K_{a1}^{\ominus}+K_{a1}^{\ominus}K_{a2}^{\ominus}}$$

代入数据得：

$$pH=1.00: \delta_2=0.625; \delta_1=0.375; \delta_0=0$$

$$pH=4.00: \delta_2=0.002; \delta_1=0.607; \delta_0=0.391$$

例 4 写出下列物质在水溶液中的质子条件式：

$$(NH_4)_2HPO_4 \qquad\qquad H_2S$$

解 (1) 选择 H_2O、NH_4^+、HPO_4^{2-} 为零水准。

水溶液中有以下平衡存在：

$$H_2O+H_2O \rightleftharpoons H_3O^+ + OH^-$$

$$NH_4^+ \rightleftharpoons H^+ + NH_3$$

$$HPO_4^{2-} \rightleftharpoons PO_4^{3-} + H^+$$

$$HPO_4^{2-} + H_2O \rightleftharpoons H_2PO_4^- + OH^-$$

$$H_2PO_4^- + H_2O \rightleftharpoons H_3PO_4 + OH^-$$

其他存在形式有：[H^+]、[OH^-]、[NH_3]、[PO_4^{3-}]、[$H_2PO_4^-$]、[H_3PO_4]。

与零水准比较后得：$[H^+]+[H_2PO_4^-]+2[H_3PO_4]=[OH^-]+[NH_3]+[PO_4^{3-}]$

移项得 PBE：

$$[H^+]=[OH^-]+[NH_3]+[PO_4^{3-}]-[H_2PO_4^-]-2[H_3PO_4]$$

(2) 选择 H_2O、H_2S 为零水准。

水溶液中有以下平衡存在：

$$H_2O+H_2O \rightleftharpoons H_3O^+ + OH^-$$

$$H_2S \rightleftharpoons HS^- + H^+$$

$$HS^- \rightleftharpoons S^{2-} + H^+$$

其他存在形式有：[H^+]、[OH^-]、[HS^-]、[S^{2-}]。

与零水准比较后得 PBE：

$$[H^+]=[OH^-]+[HS^-]+2[S^{2-}]$$

例 5 在 25℃时，$K_a^{\ominus}$(HAc) $=1.74\times 10^{-5}$。求 HAc 溶液浓度为 0.20mol·L^{-1} 和 0.02mol·L^{-1} 时的解离度及 [H^+]。若向 0.20mol·L^{-1} 的 HAc 水溶液中加入 NaAc 固

体，使 NaAc 的浓度为 $0.12\text{mol}\cdot\text{L}^{-1}$，计算此时 HAc 的解离度 $[H^+]$。通过上述计算可得出什么结论？

解　由稀释定理 $\alpha=\sqrt{\frac{K_a^\ominus}{c}}$ 代入浓度得

$$c_1=0.20\text{mol}\cdot\text{L}^{-1},\alpha_1=0.93\%$$

$$c_2=0.02\text{mol}\cdot\text{L}^{-1},\alpha_2=2.95\%$$

$$[H^+]_1=c_1\alpha_1=1.86\times10^{-3}(\text{mol}\cdot\text{L}^{-1})$$

$$[H^+]_2=c_2\alpha_2=5.9\times10^{-4}(\text{mol}\cdot\text{L}^{-1})$$

适当稀释，解离度增大，但氢离子浓度并没有增大，反而减小。加入同离子则：

$$\alpha=\frac{K_a^\ominus}{b}=\frac{1.74\times10^{-5}}{0.12}=1.45\times10^{-4}=0.0145\%$$

$$[H^+]=c\alpha=2.9\times10^{-5}(\text{mol}\cdot\text{L}^{-1})$$

加入同离子抑制醋酸的解离，解离度和氢离子浓度都明显减小。

例 6　计算下列物质水溶液的 pH 值（括号内为 $pK_a^\ominus$ 值）：

（1）$0.13\text{mol}\cdot\text{L}^{-1}$ 丙烯酸（4.25）；

（2）$0.26\text{mol}\cdot\text{L}^{-1}$ 氯化丁基铵（$C_4H_9NH_3Cl$）（9.39）。

解　（1）因 $cK_a^\ominus>10K_w^\ominus$，$\frac{c}{K_a^\ominus}>105$，则可以用最简式：

$$[H^+]=\sqrt{cK_a^\ominus}$$

即
$$pH=(pK_a^\ominus+pc)/2=(4.25-\lg0.13)/2=(4.25+0.89)/2=2.57$$

（2）因 $cK_a^\ominus>10K_w^\ominus$，$\frac{c}{K_a^\ominus}>105$，则可以用最简式：

$$[H^+]=\sqrt{cK_a^\ominus}$$

即
$$pH=(pK_a^\ominus+pc)/2=(9.39-\lg0.26)/2=(9.39+0.59)/2=4.99$$

例 7　分别计算 $0.15\text{mol}\cdot\text{L}^{-1}$ NH_4Cl 溶液的 pH 值和 $0.15\text{mol}\cdot\text{L}^{-1}$ NH_3 溶液的 pH 值。已知 NH_3 的 $K_b^\ominus=1.79\times10^{-5}$。

解　NH_4^+ 与 NH_3 互为共轭酸碱对

$$K_a^\ominus=\frac{K_w^\ominus}{K_b^\ominus}=\frac{1.0\times10^{-14}}{1.79\times10^{-5}}=5.59\times10^{-10}$$

（1）$0.15\text{mol}\cdot\text{L}^{-1}$ NH_4Cl 溶液：

$$[H^+]=\sqrt{cK_a^\ominus}=\sqrt{0.15\times5.59\times10^{-10}}=9.15\times10^{-6}(\text{mol}\cdot\text{L}^{-1})$$

$$pH=-\lg(9.15\times10^{-6})=5.04$$

（2）$0.15\text{mol}\cdot\text{L}^{-1}$ NH_3 溶液：

$$[OH^-]=\sqrt{cK_b^\ominus}=\sqrt{0.15\times1.79\times10^{-5}}=1.64\times10^{-3}(\text{mol}\cdot\text{L}^{-1})$$

$$pOH=-\lg(1.64\times10^{-3})=2.79$$

$$pH=14-pOH=14-2.79=11.21$$

例 8　计算下列水溶液的 pH 值：

（1）0.10mol·L^{-1} NaH_2PO_4 和 0.05mol·L^{-1} Na_2HPO_4（$pK_{a2}^{\ominus}=7.21$）；

（2）0.12mol·L^{-1} 氯化三乙基胺和 0.10mol·L^{-1} 三乙基胺（$pK_b^{\ominus}=7.90$）。

解 （1）二者为共轭体系，则

$$pH=pK_{a2}^{\ominus}+\lg\frac{c_b}{c_a}=7.21+\lg\frac{0.05}{0.10}=6.91$$

（2）二者为共轭体系，则

$$pH=pK_a^{\ominus}+\lg\frac{c_b}{c_a}=14-pK_b^{\ominus}+\lg\frac{c_b}{c_a}=14-7.90+\lg\frac{0.10}{0.12}=6.02$$

例 9 100g $NaAc\cdot3H_2O$ 加入 13mL 6.0mol·L^{-1} HAc，用水稀释至 1.0L，此缓冲溶液的 pH 值是多少？（HAc 的 $pK_a^{\ominus}=4.76$）

解 缓冲溶液 $pH=pK_a^{\ominus}+\lg\frac{c_b}{c_a}$，则

$$c_{NaAc}=m_{NaAc}/(M_{NaAc}V)=100/136=0.74(mol\cdot L^{-1})$$
$$c_{HAc2}=(c_{HAc1}V_1)/V_2=13\times6.0/1000=0.078(mol\cdot L^{-1})$$
$$pH=4.76+\lg(0.74/0.078)=5.74$$

例 10 对于 NH_3-NH_4Cl（氨水的 $pK_b^{\ominus}=4.75$）和 HAc-NaAc（HAc 的 $pK_a^{\ominus}=4.76$）两种缓冲体系，若要配制 pH 值为 4.90 的酸碱缓冲溶液，回答下列问题：

（1）通过计算说明应选何种体系？

（2）该体系的缓冲范围是多少？

（3）现有 20mL 6.0mol·L^{-1} HAc 溶液，$NaAc\cdot3H_2O$（摩尔质量为 136g·mol^{-1}）若干，如何配制 500mL pH=4.90 的缓冲溶液？

解 （1）根据 $pH=pK_a^{\ominus}+\lg\frac{c_b}{c_a}$

若选用 NH_3-NH_4Cl 体系，$\lg\frac{c_b}{c_a}=4.90-(14-4.75)=-4.35$，得

$$\frac{c_b}{c_a}=4.47\times10^{-5}$$

若选用 HAc-NaAc 体系，$\lg\frac{c_b}{c_a}=pH-pK_a^{\ominus}=4.90-4.76=0.14$，得

$$\frac{c_b}{c_a}=1.38$$

Ac^- 和 HAc 两组分的浓度比更接近 1，缓冲能力更强，应选择 HAc-NaAc 缓冲体系。

（2）因 HAc 的 $pK_a^{\ominus}=4.76$，故 HAc-NaAc 体系缓冲范围为 pH=3.76～5.76。

（3）配制 500mL pH=4.90 的酸碱缓冲溶液，$c(HAc)=\frac{20\times6.0}{500}=0.24(mol\cdot L^{-1})$。

由 $\frac{c_b}{c_a}=1.38$，得 $c_b=1.38\times0.24=0.33(mol\cdot L^{-1})$。

称取 $NaAc\cdot3H_2O$ 的质量 $m(NaAc\cdot3H_2O)=0.33\times136\times0.500=22.4(g)$。

量取 6.0mol·L^{-1} HAc 溶液 20mL，称 $NaAc\cdot3H_2O$ 22.4g，加去离子水稀释至 500mL 即可。

例 11 欲配制 500mL pH=9.00 且 $[NH_4^+]=1.0mol \cdot L^{-1}$ 的 NH_3-NH_4^+ 缓冲溶液，需用相对密度为 0.900、含氨 28.0%的浓氨水多少毫升？称固体 $(NH_4)_2SO_4$ 多少克？已知氨水的 $pK_b^\ominus=4.75$，NH_3 的摩尔质量为 $17g \cdot mol^{-1}$，$(NH_4)_2SO_4$ 的摩尔质量为 $132g \cdot mol^{-1}$。

解 由 $pH=pK_a^\ominus+\lg\frac{c_b}{c_a}$ 得

$$9.00=14.00-4.75+\lg\frac{c_b}{c_a}$$

$$\frac{c_b}{c_a}=0.56 \qquad c_b=1.0\times0.56=0.56(mol \cdot L^{-1})$$

$$\frac{V\times0.900\times28.0\%}{17}=0.5\times0.56 \qquad V=18.9(mL)$$

称取固体 $(NH_4)_2SO_4$ 的质量 $m=0.5\times0.5\times132=33(g)$。

例 12 现有 50mL 浓度为 $6.0mol \cdot L^{-1}$ 的 HAc 溶液，要配成 1.0L pH=4.80 的酸碱缓冲溶液，计算应称取固体 $NaAc \cdot 3H_2O$ 多少克？若将上述缓冲溶液适当稀释，则溶液的 pH 为多少？（已知 HAc 的 $pK_a^\ominus=4.76$，$NaAc \cdot 3H_2O$ 的摩尔质量为 $136g \cdot mol^{-1}$）

解 $c_{HAc}=6.0\times0.050/1.0=0.30(mol \cdot L^{-1})$

由 $pH=pK_a^\ominus+\lg\frac{c_b}{c_a}$ 得

$$4.80=4.76+\lg c_b \qquad \frac{c_b}{c_a}=1.1$$

$$c_b=1.1\times0.30=0.33(mol \cdot L^{-1})$$

称取固体 $m(NaAc \cdot 3H_2O)=0.33\times1.0\times136\approx45(g)$。

适当稀释时溶液的 pH 基本不变，即 pH≈4.80。

例 13 若要将 1.00L $1.00mol \cdot L^{-1}$ 的 HAc 溶液的 pH 升高 1 倍，应加入 NaOH 固体多少克？（HAc 的 $pK_a^\ominus=4.76$，NaOH 的摩尔质量为 $40g \cdot mol^{-1}$）

解 初始 HAc 的 pH 为：

$$[H^+]=\sqrt{cK_a^\ominus}=\sqrt{1.0\times10^{-4.76}}=4.2\times10^{-3}(mol \cdot L^{-1})$$

$$pH=-\lg[H^+]=-\lg(4.2\times10^{-3})=2.38$$

若要 pH 升高 1 倍，则要求 pH 为 4.76，加入 NaOH 后，溶液为 HAc-Ac^- 的缓冲溶液。设加入 NaOH 的物质的量为 $x$mol，则达到平衡时 HAc 的物质的量为 $(1-x)$mol，Ac^- 的物质的量为 $x$mol。

根据 $pH=pK_a^\ominus+\lg\frac{c_b}{c_a}$，同溶液中有

$$pH=pK_a^\ominus+\lg\frac{n(Ac^-)}{n(HAc)}$$

$$4.76=4.76+\lg\frac{x}{1-x}$$

得 $$x=0.5mol$$

需要加入的 NaOH 的质量为：$m(NaOH)=0.5\times40=20(g)$。

例 14 欲使 100mL $0.10mol \cdot L^{-1}$ HCl 的 pH 值从 1.00 增加至 4.66，需加入固体

NaAc多少克（忽略体积变化）？若向上述溶液中加水至150mL，溶液的pH值是否有明显变化？（HAc的$pK_a^\ominus=4.76$，NaAc的摩尔质量为$82g\cdot mol^{-1}$）

解 依题意得HAc的浓度为$0.10mol\cdot L^{-1}$，由$pH=pK_a^\ominus+\lg\frac{c_b}{c_a}$代入数据得

$$4.66=4.76+\lg c_b/0.10$$

$$\lg c_b/0.10=-0.10 \qquad 则\ c_b=0.079mol\cdot L^{-1}$$

共加入固体NaAc的物质的量为：0.100×0.10+0.100×0.079=0.0179(mol)。

需加入固体NaAc的质量为：0.0179×82=1.47(g)。

若将该缓冲溶液适当稀释，溶液的pH基本保持不变。

例15 为配制pH=7.41的缓冲溶液，将$0.80mol\cdot L^{-1}$ NaOH加到250mL含3.48mL浓磷酸（质量分数为0.85，密度为$1.69g\cdot mL^{-1}$）的水溶液中，计算加入的NaOH的体积。（磷酸的摩尔质量为$98g\cdot mol^{-1}$，$pK_{a1}^\ominus=2.12$，$pK_{a2}^\ominus=7.21$，$pK_{a3}^\ominus=12.70$）

解 根据题意，加NaOH至$H_2PO_4^-$和HPO_4^{2-}才可配得pH=7.41的缓冲溶液，即$pH=pK_{a2}^\ominus+\lg\frac{c_b}{c_a}$，代入数据

$$7.41=7.21+\lg[HPO_4^{2-}]/[H_2PO_4^-]$$

得

$$[HPO_4^{2-}]/[H_2PO_4^-]=1.58$$

同一溶液中浓度之比等于物质的量之比，故$n(HPO_4^{2-})/n(H_2PO_4^-)=1.58$。

浓磷酸的物质的量为：3.48×1.69×0.85/98=0.051(mol)。故

$$n(HPO_4^{2-})+n(H_2PO_4^-)=0.051(mol)$$

$$n(HPO_4^{2-})/[0.051-n(HPO_4^{2-})]=1.58$$

$$n(HPO_4^{2-})=0.0312(mol)$$

需要的$n(NaOH)=0.051+n(HPO_4^{2-})=0.0822(mol)$，则

$$V(NaOH)=0.0822/0.80=0.1028(L)=102.8(mL)$$

例16 用某弱酸HA及其盐配制缓冲溶液，其中HA的浓度为$0.20mol\cdot L^{-1}$。在0.100L该缓冲溶液中加入0.20g NaOH（忽略溶液体积的变化），所得溶液的pH为5.50。计算原来所配制的缓冲溶液的pH值。若将溶液适当稀释，pH值将如何变化？（HA的$pK_a^\ominus=5.30$，NaOH的摩尔质量为$40g\cdot mol^{-1}$）

解 原缓冲溶液中$c_a^0=0.20mol\cdot L^{-1}$，加入的$[OH^-]=0.20/(40\times0.100)=0.050(mol\cdot L^{-1})$。

新缓冲溶液中，$c_a=0.20-0.050=0.15(mol\cdot L^{-1})$，$c_b=(c_b^0+0.05)mol\cdot L^{-1}$。

由$pH=pK_a^\ominus+\lg\frac{c_b}{c_a}$代入数据得

$$5.50=5.30+\lg\frac{c_b^0+0.05}{0.15}$$

$$c_b^0=0.188mol\cdot L^{-1}$$

原缓冲溶液中，$pH=pK_a^\ominus+\lg c_b^0/c_a^0=5.30+\lg(0.188/0.20)=5.27$。若将溶液适当稀释，pH值基本不变。

例17 以$0.5000mol\cdot L^{-1}$ HNO_3溶液滴定20mL $0.5000mol\cdot L^{-1}$ $NH_3\cdot H_2O$溶液。试

计算滴定分数为 0.50 及 1.00 时溶液的 pH 值。应选用何种指示剂？已知氨水的 $pK_b^\ominus=4.75$。

解　当滴定分数为 0.50 时，为 NH_3-NH_4^+ 缓冲体系。

$$pH=pK_a^\ominus+\lg\frac{c_b}{c_a}=pK_w^\ominus-pK_b^\ominus+\lg\frac{c_b}{c_a}$$

此时 $c_b=c_a$，则

$$pH=14.00-4.75=9.25$$

当滴定分数为 1.00 时，完全形成 NH_4^+ 弱酸体系。

$$c=0.5000/2=0.2500(mol\cdot L^{-1})$$

$$pH=(pK_a^\ominus+pc)/2=(pK_w^\ominus-pK_b^\ominus+pc)/2$$

$$=(14.00-4.75-\lg0.25)/2=4.92$$

化学计量点处于弱酸性区域，可以选择在弱酸性区域变色的酸碱指示剂，如甲基红或甲基橙等。

例 18　用 $0.1000mol\cdot L^{-1}$ NaOH 溶液滴定 $0.1000mol\cdot L^{-1}$ 酒石酸溶液时，有几个 pH 突跃？在第二个化学计量点时 pH 值为多少？应选用什么指示剂？已知酒石酸解离常数为：$pK_{a1}^\ominus=2.98$，$pK_{a2}^\ominus=4.34$。

解　对于多元酸的分步滴定，根据 $cK_{an}^\ominus\geqslant10^{-8}$ 可知，酒石酸的两个质子都能被准确滴定，但是 $K_{a1}^\ominus/K_{a2}^\ominus=10^{-2.98}/10^{-4.34}<10^4$，所以没有两个明显的突跃，只有一个突跃，只能按二元酸一次被滴定。

第二化学计量点为酒石酸二钠，$c=0.1000/3=0.033(mol\cdot L^{-1})$

$$pK_{b1}^\ominus=pK_w^\ominus-pK_{a2}^\ominus=14.00-4.34=9.66$$

$$pK_{b2}^\ominus=pK_w^\ominus-pK_{a1}^\ominus=14.00-2.98=11.02$$

两级解离常数均较小，可近似按一元碱处理，且满足最简式应用条件：

$$pH=pK_w^\ominus-(pK_{b1}^\ominus+pc)/2=14.00-(9.66-\lg0.033)/2=8.43$$

化学计量点处于弱碱性区域，一般可选用酚酞指示剂。

例 19　吸取 10mL 醋样，置于锥形瓶中，加 2 滴酚酞指示剂，用 $0.1020mol\cdot L^{-1}$ NaOH 滴定醋样中的 HAc，如需要 NaOH 41.86mL，则试样中 HAc 浓度是多少？若吸取的醋样溶液 $\rho=1.004g\cdot mL^{-1}$，则醋样中 HAc 的含量为多少？已知 HAc 的摩尔质量为 $60.05g\cdot mol^{-1}$。

解　由于滴定反应按 1∶1 进行，因此：

$$c_{HAc}=(cV)_{NaOH}/V_{HAc}=(0.1020\times41.86)/10.00=0.4270(mol\cdot L^{-1})$$

$$\omega_{HAc}=(cVM\times10^{-3})/(\rho V)=(0.4270\times10.00\times60.05\times10^{-3})/(1.004\times10.00)=0.02554$$

例 20　将 1.400g 含有 SO_3 的发烟硫酸试样溶于水，用 $0.8060mol\cdot L^{-1}$ NaOH 溶液滴定时消耗 36.10mL。求试样中 SO_3 和 H_2SO_4 的含量（假设试样中不含其他杂质）。已知 SO_3 的摩尔质量为 $80.06g\cdot mol^{-1}$，H_2SO_4 的摩尔质量为 $98.08g\cdot mol^{-1}$。

解　由于 SO_3 溶于水也形成 H_2SO_4，因此设试样中 SO_3 为 xg，那么 H_2SO_4 的质量应为（$1.400-x$）g。

滴定反应为：$H_2SO_4+2NaOH=\!=\!=Na_2SO_4+2H_2O$

$$\frac{x}{M_{SO_3}}+\frac{1.400-x}{M_{H_2SO_4}}=\frac{1}{2}(cV)_{NaOH}$$

$$\frac{x}{80.06}+\frac{1.400-x}{98.08}=\frac{1}{2}\times 0.8060\times 36.10\times 10^{-3}$$

解得

$$x=0.1215\text{g}$$

$$w(SO_3)=0.1215/1.400=0.0868$$

$$w(H_2SO_4)=0.9132$$

例 21 某学生用双指示剂法分析制备的纯碱。方法如下：准确称取试样 2.700g 溶于水，定容于 250mL 容量瓶中摇匀，用移液管移取 25.00mL 于锥形瓶中，加 2 滴酚酞指示剂，耗用 0.1050mol・L^{-1} HCl 溶液 23.10mL；再加 1 滴甲基橙，继续用 HCl 滴定，共耗去 43.33mL。判断碱的组成，并计算各组分的质量分数。(Na_2CO_3、$NaHCO_3$、NaOH 的摩尔质量分别为 106g・mol^{-1}、84g・mol^{-1}、40g・mol^{-1})

解 因 $V_1=23.10\text{mL}>V_2=43.33-23.10=20.23(\text{mL})$，故试样为 Na_2CO_3+NaOH。

$$w_{Na_2CO_3}=\frac{(cV_2)_{HCl}M_{Na_2CO_3}\times 10^{-3}}{m_s}\times\frac{250}{25}$$

$$=(0.1050\times 20.23\times 106\times 10^{-3})\times 10/2.700=0.8339$$

$$w_{NaOH}=\frac{c_{HCl}(V_1-V_2)_{HCl}M_{NaOH}\times 10^{-3}}{m_s}\times\frac{250}{25}$$

$$=[0.1050\times(23.10-20.23)\times 40.0\times 10^{-3}]\times 10/2.700$$

$$=0.04464$$

例 22 某同学配制了一种溶液 25.00mL，溶液中可能含 NaOH、Na_2CO_3、$NaHCO_3$。加 2 滴酚酞，用 0.2500mol・L^{-1} 的盐酸标准溶液滴定至近无色，耗用盐酸体积 15.20mL。再加 1 滴甲基橙，继续用盐酸滴定至橙色时，又耗去盐酸 33.19mL。分析得出混合碱的组成，并计算各成分的质量浓度（单位为 g・L^{-1}）。(NaOH、Na_2CO_3、$NaHCO_3$ 的摩尔质量分别为 40g・mol^{-1}、106g・mol^{-1}、84g・mol^{-1})

解 因 $V_1=15.20\text{mL}$，$V_2=33.19\text{mL}$，$V_1<V_2$，则组分的组成为 Na_2CO_3 和 $NaHCO_3$。

将 Na_2CO_3 滴定至 $NaHCO_3$ 所消耗的 HCl 体积为 15.20mL，则

$$Na_2CO_3\text{ 的质量浓度}=\frac{0.2500\times 0.01520\times 106}{0.02500}=16.11(\text{g}\cdot\text{L}^{-1})$$

将原组分中的 $NaHCO_3$ 滴定至 H_2CO_3 所消耗的 HCl 体积为（33.19－15.20）mL，则

$$NaHCO_3\text{ 的质量浓度}=\frac{0.2500\times(0.03319-0.01520)\times 84}{0.02500}=15.11(\text{g}\cdot\text{L}^{-1})$$

例 23 有一 Na_3PO_4 试样，其中含有 Na_2HPO_4，称取 0.9947g，以酚酞为指示剂，用 0.2881mol・L^{-1} HCl 溶液滴定至终点用去 17.56mL。再加入甲基橙指示剂，继续用 0.2881mol・L^{-1} HCl 溶液滴定至终点时，又用去 20.18mL。求试样中 Na_3PO_4、Na_2HPO_4 的质量分数。已知 Na_3PO_4 的摩尔质量为 163.9g・mol^{-1}，Na_2HPO_4 的摩尔质量为 142.0g・mol^{-1}。

解 当以酚酞为指示剂时，滴定反应为：

$$Na_3PO_4+HCl=\!=\!=Na_2HPO_4+NaCl$$

再加入甲基橙指示剂，滴定反应进行到：

$$Na_2HPO_4+HCl=\!=\!=NaH_2PO_4+NaCl$$

第一终点消耗的 HCl 是与试样中的 Na_3PO_4 作用至 Na_2HPO_4 所需的 HCl 体积，而第

二终点消耗的 HCl 是与试样中的 Na_2HPO_4 以及第一终点所产生的 Na_2HPO_4 作用所需的 HCl 体积，因此：

$$w_{Na_3PO_4}=\frac{(cV_1)_{HCl}M_{Na_3PO_4}\times 10^{-3}}{m_s}$$

$$=(0.2881\times 17.56\times 163.9\times 10^{-3})/0.9947=0.8336$$

$$w_{Na_2HPO_4}=\frac{c_{HCl}(V_2-V_1)_{HCl}M_{Na_2HPO_4}\times 10^{-3}}{m_s}$$

$$=[0.2881\times(20.18-17.56)\times 142.0\times 10^{-3}]/0.9947=0.1078$$

习题

一、选择题

1. 下列溶液中，pH 值最小的是（　　）。

A. $0.010mol\cdot L^{-1}$ HCl　　B. $0.010mol\cdot L^{-1}$ H_2SO_4

C. $0.010mol\cdot L^{-1}$ HAc　　D. $0.010mol\cdot L^{-1}$ $H_2C_2O_4$

2. $0.25mol\cdot L^{-1}$ HF 溶液中 $[H^+]$ 为（　　）。

A. $\sqrt{\frac{K_a^\ominus}{0.25}}mol\cdot L^{-1}$　　B. $\sqrt{\frac{0.25}{K_a^\ominus}}mol\cdot L^{-1}$

C. $0.25K_a^\ominus mol\cdot L^{-1}$　　D. $\sqrt{0.25K_a^\ominus}mol\cdot L^{-1}$

3. pH=5.00 的强酸与 pH=13.00 的强碱溶液等体积混合，则混合溶液的 pH 为（　　）。

A. 9.00　　B. 8.00　　C. 12.70　　D. 5.00

4. 下列溶液的浓度均为 $0.1000mol\cdot L^{-1}$，其中 $[OH^-]$ 最大的是（　　）。

A. NaAc　　B. Na_2CO_3　　C. Na_2S　　D. Na_3PO_4

5. 向 1.0L $0.100mol\cdot L^{-1}$ HAc 溶液中加入 1.0mL $0.010mol\cdot L^{-1}$ HCl 溶液，下列叙述正确的是（　　）。

A. HAc 解离度减小　　B. 溶液的 pH 为 3.02

C. $K_a^\ominus$(HAc) 减小　　D. 溶液的 pH 为 2.30

6. 下列溶液中，pH 最大的是（　　）。

A. $0.10mol\cdot L^{-1}$ NaH_2PO_4　　B. $0.10mol\cdot L^{-1}$ Na_2HPO_4

C. $0.10mol\cdot L^{-1}$ $NaHCO_3$　　D. $0.10mol\cdot L^{-1}$ NaAc

7. 下列溶液中，pH 约等于 7.0 的是（　　）。

A. HCOONa　　B. NaAc　　C. NH_4Ac　　D. $(NH_4)_2SO_4$

8. 根据酸碱质子理论，关于 HCO_3^- 的描述错误的是（　　）。

A. HCO_3^- 属于两性物质，浓度较大的两性物质溶液有酸碱缓冲能力

B. HCO_3^- 的共轭酸是 H_2CO_3，HCO_3^- 的共轭碱是 CO_3^{2-}，因此 H_2CO_3 和 CO_3^{2-} 是共轭酸碱对

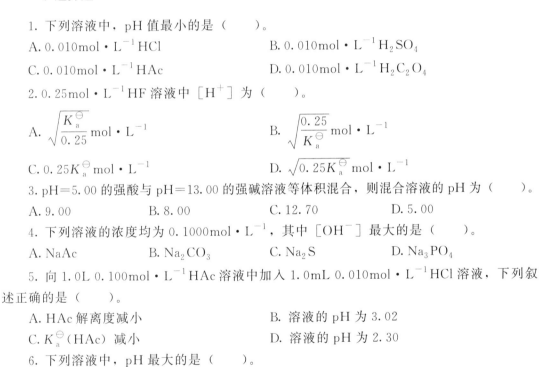

C. HCO_3^- 的共轭碱的质子条件式为：$[H^+]=[OH^-]-[HCO_3^-]-2[H_2CO_3]$

D. HCO_3^- 的质子条件式为：$[H^+]=[OH^-]+[CO_3^{2-}]-[H_2CO_3]$

9. 配制 pH=9.00 的缓冲溶液，最好选用（　　）。

A. $NaHCO_3$-Na_2CO_3　　B. NaH_2PO_4-Na_2HPO_4

C. HAc-NaAc　　D. $NH_3\cdot H_2O$-NH_4Cl

10. 某弱酸浓度为 $1.0mol\cdot L^{-1}$ 时其解离度 α 为 10%，当浓度为 $0.10mol\cdot L^{-1}$ 时，该弱酸的解离度 α 将（　　）。

A. 大于 10%　　B. 等于 10%　　C. 小于 10%　　D. 无法判断

11. 下列溶液酸度最高的是（　　）。

A. $0.10mol\cdot L^{-1}$ HCl 与饱和 H_2S（$c=0.10mol\cdot L^{-1}$）等体积混合

B. pH=4.00 的强酸与 pH=10.00 的强碱溶液等体积

C. $0.20mol\cdot L^{-1}$ HCl 与 $0.40mol\cdot L^{-1}$ NH_3 等体积混合

D. $0.20mol\cdot L^{-1}$ HAc 与 $0.10mol\cdot L^{-1}$ NaOH 等体积混合

12. 某碱试样溶液，以酚酞为指示剂，用盐酸标准溶液滴定至终点时，耗去盐酸 V_1mL，继续以甲基橙为指示剂，又耗去盐酸 V_2mL。若 $V_1>V_2$，则此碱溶液是（　　）。

A. Na_2CO_3　　B. NaOH　　C. NaOH+Na_2CO_3　　D. Na_2CO_3+$NaHCO_3$

13. 酸碱滴定中选择指示剂的原则是（　　）。

A. 指示剂的变色范围应处于或部分处于滴定突跃范围之内

B. 指示剂应在 pH=7.00 时变色

C. $K_a^{\ominus}=K_{HIn}^{\ominus}$

D. 指示剂的变色范围与化学计量点完全符合

14. $0.10mol\cdot L^{-1}$ 的一元弱碱（$K_b^{\ominus}=1.0\times10^{-8}$）溶液与等体积水混合后，溶液的 pH 值为（　　）。

A. 9.35　　B. 8.85　　C. 9.00　　D. 10.50

15. 下列说法正确的是（　　）。

A. 同离子效应使弱电解质溶液的解离度和解离平衡常数都降低

B. $0.01mol\cdot L^{-1}$ 的某酸 HA 溶液的 pH=4.0，则该酸的解离度为 1%

C. 某三元酸 $K_{a1}^{\ominus}=10^{-3}$，$K_{a2}^{\ominus}=10^{-5}$，$K_{a3}^{\ominus}=10^{-12}$，用 NaOH 溶液滴定时能与三个质子作用

D. 缓冲溶液 H_2CO_3-HCO_3^- 缓冲范围的表达式是：$pH=K_{a1}^{\ominus}\pm1$

16. HAc 在下列溶液中的解离度最小的是（　　）。

A. $0.1mol\cdot L^{-1}$ NaCl　　B. $0.1mol\cdot L^{-1}$ HCl

C. 纯水　　D. $0.2mol\cdot L^{-1}$ NaAc

17. 将 pH=1.0 与 pH=14 的两强电解质溶液等体积混合，混合后溶液的 pH 值为（　　）。

A. 7.50　　B. 13.00　　C. 0.35　　D. 13.65

18. HAc 在 1L 下列溶液中解离度由大到小的顺序为（　　）。

A. 水>$0.1mol\cdot L^{-1}$ NaCl>$0.1mol\cdot L^{-1}$ NaAc

B. $0.1mol\cdot L^{-1}$ NaAc>$0.1mol\cdot L^{-1}$ NaCl>水

C. $0.1mol\cdot L^{-1}$ NaCl>水>$0.1mol\cdot L^{-1}$ NaAc

D. 0.1mol·L^{-1} NaCl>0.1mol·L^{-1} NaAc>水

19. NH_4Ac水溶液的质子条件式为（　　）。

A. $[H^+]=[OH^-]+[NH_3]-[Ac^-]$　　B. $[H^+]=[OH^-]+[NH_3]+[Ac^-]$

C. $[H^+]=[OH^-]-[NH_3]+[HAc]$　　D. $[H^+]=[OH^-]+[NH_3]-[HAc]$

20. 根据酸碱质子理论，关于HS^-的描述错误的是（　　）。

A. HS^-属于两性物质

B. HS^-的共轭碱是S^{2-}，共轭酸是H_2S

C. 在饱和H_2S中［HS^-］约等于$\sqrt{0.1K^{\ominus}_{a1}}$

D. HS^-的质子条件式为：$[H^+]=[OH^-]+[H_2S]+[S^{2-}]$

21. 下列关于酸碱性强弱的说法错误的是（　　）。

A. 已知$K^{\ominus}_a$(HAc)>$K^{\ominus}_a$(HCN)，故HAc的酸性比HCN的酸性强

B. 根据$K^{\ominus}_a$与$K^{\ominus}_b$的共轭关系，NaAc的碱性要比NaCN的碱性弱

C. 对于某种弱碱，若碱性较强，则该弱碱的共轭酸的酸性相对就较强

D. 对于两性物质，其水溶液呈酸性还是碱性，可以根据不同解离过程相应的解离常数的相对大小来判断

22. 下列说法正确的是（　　）。

A. 弱酸的浓度即溶液的酸度

B. KH_2PO_4溶液的质子条件式为：$[H^+]=[H_2PO_4^-]+[HPO_4^{2-}]+2[PO_4^{3-}]+[OH^-]-[H_3PO_4]$

C. 对于一定的酸、碱，$K^{\ominus}_a$或$K^{\ominus}_b$的大小与浓度无关，只与温度、溶剂等有关

D. 0.40mol·L^{-1} NaH_2PO_4溶液与0.80mol·L^{-1} Na_2HPO_4溶液的pH值近似相等

23. 用0.1mol·L^{-1} HCl滴定0.1mol·L^{-1} NaOH时的pH突跃范围是9.7～4.3。用0.01mol·L^{-1} HCl滴定0.01mol·L^{-1} NaOH时的pH突跃范围是（　　）。

A. 8.7～4.3　　B. 8.7～5.3　　C. 10.7～3.3　　D. 9.7～5.3

24. 下列缓冲溶液中抗酸能力大于抗碱能力的有（　　）。

A. 0.1mol·L^{-1} HAc-0.2mol·L^{-1} NaAc

B. 0.1mol·L^{-1} NH_3-0.1mol·L^{-1} $(NH_4)_2SO_4$

C. 0.4mol·L^{-1} $NaHCO_3$-0.2mol·L^{-1} Na_2CO_3

D. 0.2mol·L^{-1} HAc-0.2mol·L^{-1} NaAc

25. 下列溶液用酸碱滴定法能直接准确滴定的是（　　）。

A. 0.1mol·L^{-1} NaAc［$pK^{\ominus}_a$（HAc)=4.76］

B. 0.1mol·L^{-1} HCN（$pK^{\ominus}_a$=9.21）

C. 0.1mol·L^{-1} HF（$pK^{\ominus}_a$=3.18）

D. 0.1mol·L^{-1} NH_4Cl［$pK^{\ominus}_b$（NH_3)=4.75］

26. 有下列四种溶液，它们的pH由小到大的顺序是（　　）。

① 0.10mol·L^{-1} $NH_3\cdot H_2O$溶液

② 0.10mol·L^{-1} HNO_3与0.10mol·L^{-1} $NH_3\cdot H_2O$等体积混合

③ 0.10mol·L^{-1} HNO_3与0.10mol·L^{-1} NH_4NO_3等体积混合

④ 0.10mol·L^{-1} $NH_3 \cdot H_2O$ 与 0.10mol·L^{-1} NH_4NO_3 等体积混合

A. ③<②<④<①　　B. ③<②<①<④

C. ②<③<④<①　　D. ②<③<①<④

27. 缓冲能力较大的共轭体系是（　　）。

A. 0.10mol·L^{-1} HAc 和 0.05mol·L^{-1} NaOH 等体积混合

B. 1.0mol·L^{-1} NaAc 和 1.0mol·L^{-1} HAc 等体积混合

C. 1.0mol·L^{-1} HCl 和 1.0mol·L^{-1} 氨水等体积混合

D. 0.10mol·L^{-1} HCl 和 0.50mol·L^{-1} 氨水等体积混合

28. 下列哪个物质不具备酸碱缓冲能力？（　　）

A. 邻苯二甲酸氢钾　　B. 氨水

C. 碳酸-碳酸氢钠　　D. 氢氧化钠

29. 下列溶液 pH 最高的是（　　）。

A. 0.10mol·L^{-1} HCl 与饱和 H_2S 溶液等体积混合

B. pH=4.00 的强酸与 pH=10.00 的强碱溶液等体积混合

C. 0.2mol·L^{-1} HCl 与 0.4mol·L^{-1} 氨水等体积混合

D. 0.2mol·L^{-1} HAc 与 0.1mol·L^{-1} NaOH 等体积混合

30. 相同浓度的 F^-、CN^-、$HCOO^-$ 三种碱性物质的水溶液，在下列叙述其碱性强弱顺序的关系中，（　　）说法是正确的。（HF 的 $pK_a^\ominus=3.18$，HCN 的 $pK_a^\ominus=9.21$，HCOOH 的 $pK_a^\ominus=3.74$）

A. $F^->CN^->HCOO^-$　　B. $CN^->HCOO^->F^-$

C. $CN^->F^->HCOO^-$　　D. $HCOO^->F^->CN^-$

31. 乙醇胺（$HOCH_2CH_2NH_2$）和乙醇胺盐配制缓冲溶液的有效 pH 范围是（　　）。已知乙醇胺的 $pK_b^\ominus=4.50$。

A. 6.5～8.5　　B. 4.5～6.5　　C. 3.5～5.5　　D. 8.5～10.5

二、填空题

1. 根据酸碱质子理论，CO_3^{2-} 是______，其共轭______是______；$H_2PO_4^-$ 是______物质，它的共轭酸是______，共轭碱是______。

2. 已知 298K 时浓度为 0.010mol·L^{-1} 的某一元弱酸的 pH 为 4.00，则该酸的解离常数为______，当把该酸溶液稀释后，其 pH 将变______，解离度将变______，其 $K_a^\ominus$______。

3. 在 0.10mol·L^{-1} HAc 溶液中，浓度最大的物质是______，浓度最小的物质是______。加入少量的 $NH_4Ac(s)$ 后，HAc 的解离度将______，溶液的 pH 将______，H^+ 的浓度将______。

4. 相同体积、相同浓度的 HAc 和 HCl 溶液中，所含的 $[H^+]$______；若用相同浓度的溶液分别完全中和这两种酸溶液时，所消耗的 NaOH 溶液的体积______，恰好中和时两溶液的 pH______，前者的 pH 比后者的 pH______。

5. 向 0.10mol·L^{-1} NaAc 溶液中加入 1 滴酚酞试液时，溶液呈______色，当把溶液加热至沸腾时，溶液的颜色将______，这是因为______。

6. HS^-的共轭酸是________，共轭碱是________，Na_2S的质子条件式为：$[H^+]=$________________。

7. 用HCl直接滴定一元弱碱的条件是：________________。

8. 当HAc解离度$\alpha=50\%$时，溶液的pH=______，$[HAc]=$________。

9. 将pH=1.0与pH=3.0的两强电解质溶液以等体积混合，混合后溶液的pH为______。

10. HCO_3^-的共轭碱是________。饱和H_2CO_3溶液的pH=________，其质子条件式为：$[H^+]=$________________。(H_2CO_3的$pK_{a1}^{\ominus}=6.35$，$pK_{a2}^{\ominus}=10.33$)

11. 某碱试样溶液，以酚酞为指示剂，用盐酸标准溶液滴定至终点时，耗去盐酸V_1mL，继续以甲基橙为指示剂，又耗去盐酸V_2mL。若$V_1=V_2$，则此碱溶液是________，该滴定过程中第一化学计量点的pH=________。(H_2CO_3的$pK_{a1}^{\ominus}=6.35$，$pK_{a2}^{\ominus}=10.33$)

12. 一般$K_a^{\ominus}$愈大，表明该弱酸的解离程度愈________，给出质子的能力就________。

13. 若氨水的浓度变为原来的四分之一，则氨水的解离度为原来的______倍。

14. 因一个质子的得失而相互转变的一对酸碱被称为________。按酸碱质子理论来讲，H_2O、HS^-、HPO_4^{2-}、HCO_3^-均属于______性物质。

15. 酸碱滴定曲线是以溶液的________变化为特征的。滴定时酸、碱的浓度愈大，滴定的pH突跃范围愈________；酸碱的强度愈大，则滴定的pH突跃范围愈________。

16. 某三元酸$K_{a1}^{\ominus}=10^{-3}$，$K_{a2}^{\ominus}=10^{-5}$，$K_{a3}^{\ominus}=10^{-12}$。用NaOH溶液直接滴定时，能与____个质子作用，化学计量点附近有____个较明显的pH突跃。

17. 用$0.1000mol\cdot L^{-1}$ NaOH溶液滴定20.00mL等浓度的HAc($pK_a^{\ominus}=4.76$)，当滴定分数为50%时，溶液的pH=________。当滴定分数为100%时，溶液的pH=________。

18. 已知HAc的$K_a^{\ominus}=1.8\times10^{-5}$。向$0.10mol\cdot L^{-1}$ HAc溶液中加入少量浓盐酸，测得溶液的pH为2.00，则HAc的解离度约为______%。

19. 用$0.1mol\cdot L^{-1}$ NaOH滴定$0.1mol\cdot L^{-1}$ HCl时的pH突跃范围是4.3～9.7。用$1.0mol\cdot L^{-1}$ NaOH滴定$1.0mol\cdot L^{-1}$ HCl时的pH突跃范围是______～______。(pH由低到高)

20. 用$0.1mol\cdot L^{-1}$ NaOH溶液滴定$0.1mol\cdot L^{-1}$某三元酸($K_{a1}^{\ominus}=10^{-2}$，$K_{a2}^{\ominus}=10^{-6}$，$K_{a3}^{\ominus}=10^{-12}$)，能形成____个pH突跃，可分______步进行滴定。

21. $0.60mol\cdot L^{-1}$ NaH_2PO_4溶液与$0.40mol\cdot L^{-1}$ KH_2PO_4溶液的pH______。

22. 有一碱液可能是NaOH或$NaHCO_3$或Na_2CO_3，或它们的混合液，若用标准酸滴定至酚酞褪色时用去酸的体积为V_1mL，加入甲基橙后继续滴定时又消耗酸V_2mL。当V_1____V_2时，混合碱为$Na_2CO_3+NaHCO_3$；而该滴定的第______化学计量点的$pH=1/2(pK_{a1}^{\ominus}+pK_{a2}^{\ominus})$。

23. 用$0.1000mol\cdot L^{-1}$ NaOH溶液滴定$0.1000mol\cdot L^{-1}$ HCOOH溶液时，滴定分数

为 50%时体系的 pH=________，而滴定至化学计量点时的 pH=________。已知 HCOOH 的 $pK_a^\ominus=3.75$。

24. 有 2.00L 0.500mol·L^{-1} NH_3 和 2.00L 0.500mol·L^{-1} HCl，若配制 pH=9.30 的缓冲溶液，不许再加水，最多配制______L 缓冲溶液，体系的 c_b/c_a=________。已知 $NH_3\cdot H_2O$ 的 $pK_b^\ominus=4.75$。

25. 室温时饱和 H_2CO_3 溶液的浓度约为 0.040mol·L^{-1}，该溶液的 pH 为______，而同浓度的 $NaHCO_3$ 的 pH 为________。（已知 $pK_{a1}^\ominus=6.35$，$pK_{a2}^\ominus=10.33$）

26. 在 0.06mol·L^{-1} HAc 溶液中，加入 NaAc，并使 c(NaAc)=0.2mol·L^{-1}（已知 HAc 的 $K_a^\ominus=1.8\times10^{-5}$），则混合液的 [$H^+$] ≈________，pH=__________。

27. 将 2.500g 纯一元弱酸 HA 溶于水并稀释至 500mL，已知该溶液的 pH 为 3.15，则弱酸 HA 的解离常数 $K_a^\ominus$=____________，若再加入 NaA 并使 c_{NaA}=0.2mol·L^{-1}，则此时溶液的 pH=__________。（HA 的摩尔质量=50.0g·mol^{-1}）

28. 化合物 $NaHCO_3$、Na_2CO_3、NH_4Cl、NH_4Ac 中，当其水溶液的浓度相同时，pH 最高的是________，酸度最高的是__________，按酸碱质子理论属于两性物质的是________和________。

三、计算题

1. 计算下列溶液的 pH：

① 0.10mol·L^{-1} $NaHC_2O_4$ 溶液（$H_2C_2O_4$ 的 $pK_{a1}^\ominus=1.23$，$pK_{a2}^\ominus=4.19$）；

② 0.20mol·L^{-1} H_3PO_4 溶液（H_3PO_4 的 $pK_{a1}^\ominus=2.16$，$pK_{a2}^\ominus=7.21$，$pK_{a3}^\ominus=12.32$）；

③ 0.025mol·L^{-1} HCOOH 溶液（HCOOH 的 $pK_a^\ominus=3.75$）；

④ 0.02mol·L^{-1} NH_4CN 溶液（HCN 的 $pK_a^\ominus=9.21$，$NH_3\cdot H_2O$ 的 $pK_b^\ominus=4.75$）；

⑤ 0.10mol·L^{-1} Na_2SO_3 溶液（H_2SO_3 的 $pK_{a1}^\ominus=1.85$，$pK_{a2}^\ominus=7.20$）。

2. 根据下列酸、碱的解离常数，选取适当的酸及其共轭碱来配制 pH=4.50 和 pH=10.25 的缓冲溶液，其共轭酸、碱的浓度比应是多少？

HAc，$NH_3\cdot H_2O$，$H_2C_2O_4$，$NaHCO_3$，H_3PO_4，NaAc，Na_2HPO_4，NH_4Cl

3. 已知 H_3PO_4 的 $pK_{a2}^\ominus=7.21$。计算 400mL 0.50mol·L^{-1} H_3PO_4 与 600mL 0.50mol·L^{-1} NaOH 混合后溶液的 pH。

4. 已知 0.50mol·L^{-1} NaA 溶液的 pH=8.45，计算弱酸 HA 的解离平衡常数。

5. 已知 H_2S 的 $pK_{a1}^\ominus=7.05$，$pK_{a2}^\ominus=13.9$，试计算：0.10mol·L^{-1} NaHS 水溶液的 pH 和 H_2S 饱和溶液的 pH。0.10mol·L^{-1} HCl 溶液中通入 H_2S 并达到饱和时，溶液的 pH 是多少？此时溶液中的 [S^{2-}] 是多少？

6. 已知磷酸的摩尔质量为 98g·mol^{-1}，$pK_{a1}^\ominus=2.16$，$pK_{a2}^\ominus=7.21$，$pK_{a3}^\ominus=12.32$。为配制 pH=7.42 的缓冲溶液，将 1.00mol·L^{-1} NaOH 加到 250mL 含 3.50mL 浓磷酸（质量分数为 0.85，密度为 1.69g·mL^{-1}）水溶液中，计算需加入 NaOH 的体积。

7. 某一元弱酸与 36.12mL 0.100mol·L^{-1} NaOH 正好作用完全。然后再加入 18.06mL 0.100mol·L^{-1} HCl 溶液，测得溶液 pH=4.81。试计算该弱酸的 $pK_a^\ominus$。

8. 今有 2.00L 的 0.500mol·L^{-1} $NH_3·H_2O$ 和 2.00L 的 0.500mol·L^{-1} HCl 溶液，若配制 pH=9.00 的缓冲溶液，不允许再加水，最多能配制多少升缓冲溶液？其中 c_b、c_a 各为多少？已知 $NH_3·H_2O$ 的 $pK_b^{\ominus}=4.75$。

9. 已知 HAc 的 $pK_a^{\ominus}=4.76$，NaAc 的摩尔质量为 82g·mol^{-1}。欲使 200mL 0.10mol·L^{-1} HCl 的 pH 从 1.00 增加至 4.91，需加入 NaAc 固体多少克？若向上述溶液中加少量水，溶液的 pH 是否有明显变化？

10. 用 0.2000mol·L^{-1} HCl 溶液滴定 20.00mL 等浓度的 $NH_3·H_2O$（$pK_b^{\ominus}=4.75$），试计算滴定分数为 99.9%和 100.1%时溶液的 pH。应选用何种指示剂？

11. 若将 HAc（$pK_a^{\ominus}=4.76$）溶液与等体积的 NaAc 溶液相混合，欲使混合溶液的 pH 为 4.06 时，则混合后 HAc 与其共轭碱的浓度比近似为多少？当将该溶液稀释两倍后，其 pH 将如何变化？将该缓冲溶液中 c_{HAc} 和 c_{NaAc} 同时增大相同倍数时，其缓冲能力将如何变化？

12. 欲配制 450mL pH=4.72 的缓冲溶液，分别取实验室中 0.10mol·L^{-1} HAc 和 0.10mol·L^{-1} 的 NaOH 溶液多少毫升混合即成？(已知 HAc 的 $pK_a^{\ominus}=4.76$)

13. 已知 HAc 的 $pK_a^{\ominus}=4.76$，NaAc 的摩尔质量为 82.0g·mol^{-1}。计算欲使 500mL 0.10mol·L^{-1} HNO_3 溶液的 pH 从 1.00 增加至 4.86，需加 NaAc 固体多少克？若向上述溶液中加少量去离子水，溶液的 pH 有无明显变化？

14. 已知 HAc 的 $pK_a^{\ominus}=4.76$，欲配制 250mL pH=5.00 的缓冲溶液，计算在 125mL 1.0mol·L^{-1} NaAc 溶液中应加入 6.0mol·L^{-1} HAc 和纯水的体积。

15. 1.008g $NaHCO_3$ 溶于适量水中，然后往此溶液中加入 0.3200g 纯固体 NaOH，最后将溶液移入 250mL 容量瓶中。移取上述溶液 50.00mL，以 0.100mol·L^{-1} HCl 溶液滴定。计算：

(1) 以酚酞为指示剂滴定至终点时，消耗 HCl 溶液多少毫升？

(2) 继续加入甲基橙指示剂滴定至终点时，又消耗 HCl 溶液多少毫升？(H、O、C、Na 的原子量分别是 1、16、12、23)

16. 某一元弱酸（HA）试样 1.350g，加 50.00mL 水使其溶解，然后用 0.1000mol·L^{-1} NaOH 标准溶液滴至化学计量点，用去 NaOH 溶液 41.20mL。在滴定过程中发现，当加入 8.24mL NaOH 溶液时，溶液的 pH 为 4.30。求：①HA 的分子量；②HA 的 $K_a^{\ominus}$；③化学计量点时的 pH；④应选用何种指示剂？

17. 某学生标定一 NaOH 溶液，测得其浓度为 0.1068mol·L^{-1}。但误将其暴露于空气中，致使其吸收了 CO_2。为测定 CO_2 的吸收量，取该碱液 25.00mL 用 0.1200mol·L^{-1} HCl 滴定至酚酞褪色，耗去 HCl 22.10mL。计算每升该碱液吸收了多少克 CO_2？

18. 称取 0.7000g 的试样（含有 Na_3PO_4、Na_2HPO_4 及不与酸作用的杂质），溶于水后用甲基红做指示剂，以 0.5000mol·L^{-1} HCl 溶液滴定，耗酸 14.00mL，同样质量的试样用酚酞作指示剂，需 0.5000mol·L^{-1} HCl 溶液 5.00mL 滴定至终点。计算试样中杂质的含量。

19. 将 3.500g 某纯碱试样溶于水，定容于 100mL 容量瓶中。移取 25.00mL 于 250mL 锥形瓶中，以酚酞为指示剂，滴定耗用 0.2301mol·L^{-1} HCl 溶液 20.46mL；再以甲基橙为指示剂，继续用 HCl 滴定，又耗去 HCl 溶液 25.40mL，求试样中各组分的相对含量。若

Na_2CO_3 的三次平行测定结果分别为 57.03%、56.05%、58.00%，求 Na_2CO_3 测定结果的相对平均偏差。（H、O、C、Na 的原子量分别是 1、16、12、23）。

20. 称取 1.050g Na_3PO_4 试样（含少量 Na_2HPO_4、NaOH 及不与酸反应的杂质），加 2 滴酚酞，用 0.2500mol·L^{-1} HCl 标准溶液滴定至近无色，用去 27.52mL。再加 1 滴甲基橙，继续用 HCl 滴定至橙色时，又用去 20.10mL。分析得出混合碱的组成，并计算各成分的质量分数。（Na_3PO_4、Na_2HPO_4、NaOH 的摩尔质量分别为 164g·mol^{-1}、142g·mol^{-1}、40g·mol^{-1}）

四、简答题

1. ① 在 KCN 水溶液中，当 pH 为多少时溶液中 CN^- 和 HCN 的物质的量一样多？pH＝2.0 时其主要存在形式是什么？已知 HCN 的解离常数 $pK_a^\ominus=9.21$。

② 在 pH＝6.86 和 pH＝10.00 的 H_3PO_4 溶液中，其主要存在形式分别是什么？当 H_3PO_4 与 $H_2PO_4^-$ 的物质的量相同时，溶液的 pH 为多少？已知 H_3PO_4 的解离常数 $pK_{a1}^\ominus=2.16$、$pK_{a2}^\ominus=7.21$、$pK_{a3}^\ominus=12.32$。

2. 写出下列各酸碱物质水溶液的质子条件式。

① Na_2S　　② HCN　　③ $NaNH_4HPO_4$　　④ NH_4Ac

3. 酸碱缓冲溶液为何能控制溶液的酸度基本不变？试举例说明。

4. 影响酸碱滴定 pH 突跃的主要因素有哪些？在滴定过程中不断加水稀释，对滴定可能产生什么影响？

5. 有人试图用酸碱滴定法来测定 NaAc（HAc 的 $K_a^\ominus=1.74\times10^{-5}$）的含量，先加入过量的标准盐酸溶液，然后用 NaOH 溶液返滴过量的 HCl，上述操作是否正确？试述其原理。

6. 试解释 $H_2BO_3^-$（H_3BO_3 的 $K_a^\ominus=5.81\times10^{-10}$）溶液能用强酸标准溶液直接滴定而 NaAc（HAc 的 $K_a^\ominus=1.74\times10^{-5}$）溶液不能用强酸标准溶液直接滴定的原因。

习题答案

一、选择题

1. B	2. D	3. C	4. C	5. A
6. B	7. C	8. B	9. D	10. A
11. A	12. C	13. A	14. A	15. B
16. D	17. D	18. C	19. D	20. D
21. C	22. C	23. B	24. A	25. C
26. A	27. B	28. B	29. C	30. B
31. D				

二、填空题

1. 碱；酸；HCO_3^-；两性；H_3PO_4；HPO_4^{2-}

2. 1.0×10^{-6}；大；大；不变

3. HAc；OH^-；变小；增大；减小

4. 不相等（不同）；相等（相同）；不相等（不同）；大

5. 粉红；变深；水解吸热解离度增大（温度升高水解加剧）

6. H_2S；S^{2-}；$[OH^-]-[HS^-]-2[H_2S]$

7. $cK_b^{\ominus}\geqslant10^{-8}$

8. $pK_a^{\ominus}$；$[Ac^-]$

9. 1.3

10. CO_3^{2-}；3.87；$[OH^-]+[HCO_3^-]+2[CO_3^{2-}]$

11. Na_2CO_3；8.34

12. 大；越强

13. 2（两）

14. 共轭酸碱对；两

15. pH；长（宽）；长（宽）

16. 2（两）；1（一）

17. 4.76；8.73

18. 0.18

19. 3.3；10.7

20. 2（两）；2（两）

21. 近似相等（相同，基本相同）

22. <（小于）；1（一）

23. 3.75；8.22

24. 2.94；1.12

25. 3.87；8.34

26. 5.4×10^{-6}；5.27
27. 5.0×10^{-6}；5.60
28. Na_2CO_3；NH_4Cl；$NaHCO_3$；NH_4Ac

三、计算题

1. ①pH=2.71；②pH=1.43；③pH=2.68；④pH=9.23；⑤pH=10.10
2. pH=4.50，选 HAc-NaAc，$c(Ac^-)/c(HAc)=0.55$；
   pH=10.25，选 $NH_3\cdot H_2O$-NH_4Cl，$c(NH_3\cdot H_2O)/c(NH_4Cl)=10$
3. 7.21
4. 6.3×10^{-4}
5. 10.48；4.02；1.00；1.1×10^{-20} mol·L^{-1}
6. 83mL
7. 4.81
8. 能配 3.28L；$c(NH_3\cdot H_2O)=0.110$ mol·L^{-1}，$c(NH_4Cl)=0.195$ mol·L^{-1}
9. 4g；pH 基本不变
10. 6.25；4.00；pH 滴定突跃范围为 6.25～4.00，可以选用甲基橙、甲基红等
11. 5∶1；基本不变；增强
12. HAc 304.7mL；NaOH 145.3mL
13. 9.27g；pH 基本不变
14. HAc 12mL；纯水 113mL
15. (1) 16.0mL；(2) 24.0mL
16. ①327.7；②$1.25\times10^{-5}$；③8.78；④酚酞
17. 0.0317g
18. 0.9%
19. Na_2CO_3 57.03%；$NaHCO_3$ 10.91%；相对平均偏差为 1.1%
20. Na_3PO_4 0.7849；NaOH 0.0707

四、简答题

1. ① KCN 在水溶液中的存在形式有 CN^- 和 HCN，由 HCN 的解离常数 $pK_a^\ominus=9.21$ 与分布系数 δ_1、δ_0 的关系可知：当 pH=9.21 时，$\delta_1=\delta_0$，即溶液中 CN^- 和 HCN 的物质的量一样多；当 pH≪9.21 时，溶液中以 HCN 为主。所以 pH=2.0 时，$\delta_1>\delta_0$，溶液中的主要存在形式为 HCN。

② H_3PO_4 在水溶液中的存在形式有 H_3PO_4、$H_2PO_4^-$、HPO_4^{2-} 以及 PO_4^{3-}，由 H_3PO_4 的解离常数 $pK_{a1}^\ominus=2.16$、$pK_{a2}^\ominus=7.21$、$pK_{a3}^\ominus=12.32$，以及它们与分布系数 δ_3、δ_2、δ_1、δ_0 的关系可知：当 $pK_{a1}^\ominus<pH<pK_{a2}^\ominus$ 时，溶液中以 $H_2PO_4^-$ 为主，所以 pH=6.86 时，$\delta_1<\delta_2$，$\delta_3<\delta_2$，溶液中的主要存在形式为 $H_2PO_4^-$；当 $pK_{a2}^\ominus<pH<pK_{a3}^\ominus$ 时，溶液中以 HPO_4^{2-} 为主，所以 pH=10.00 时，$\delta_2<\delta_1$，$\delta_0<\delta_1$，溶液中的主要存在形式为 HPO_4^{2-}。当 $n(H_3PO_4)=n(H_2PO_4^-)$ 时，$\delta_3=\delta_2$，溶液的 $pH=pK_{a1}^\ominus=2.16$。

2. ① Na_2S 水溶液：选择 S^{2-}、H_2O 为零水准，可得

$$[H^+]=[OH^-]-[HS^-]-2[H_2S]$$

② HCN 水溶液：选择 HCN、H_2O 为零水准，可得

$$[H^+]=[OH^-]+[CN^-]$$

③ $NaNH_4HPO_4$ 水溶液：选择 NH_4^+、HPO_4^{2-}、H_2O 为零水准，可得

$$[H^+]=[OH^-]+[NH_3]+[PO_4^{3-}]-[H_2PO_4^-]-2[H_3PO_4]$$

④ NH_4Ac 水溶液：选择 NH_4^+、H_2O、Ac^- 为零水准，可得

$$[H^+]=[OH^-]+[NH_3]-[HAc]$$

3. 酸碱缓冲溶液之所以具有酸碱缓冲作用，能够抵抗由于体积变化，或外加少量酸、碱，或是体系中某一化学反应所产生的少量酸或碱对体系酸度的影响，其原因就在于其中存在浓度较大、能抗酸或抗碱的组分，由于同离子效应的作用，体系酸度基本不变。

例如浓度均为 $0.20mol \cdot L^{-1}$ HAc-NaAc 酸碱缓冲溶液，pH=4.76。在 100mL 该溶液中，若外加 10mL $0.020mol \cdot L^{-1}$ NaOH 溶液，这时体系中的 HAc 就会与 NaOH 作用，生成 NaAc，即 HAc 是体系中的抗碱组分。这时：

$$c_a=0.20\times\frac{100}{110}-0.020\times\frac{10}{110}=0.180(mol \cdot L^{-1})$$

$$c_b=0.20\times\frac{100}{110}+0.020\times\frac{10}{110}=0.184(mol \cdot L^{-1})$$

溶液的 pH 为：

$$pH=4.76+\lg\frac{0.184}{0.180}=4.77$$

显然，加入少量 NaOH 后溶液的酸度基本维持不变。

4. 影响酸碱滴定 pH 突跃的主要因素是被滴定酸或碱的浓度大小以及被滴定酸或碱的强弱。酸碱浓度越大，突跃范围越宽，反之越窄；酸碱强度越弱，突跃范围越窄，反之越宽。pH 突跃范围是选择酸碱指示剂时要考虑的重要因素，若滴定过程中不断加水稀释，体积过大，造成系统浓度较低，突跃范围变窄，有可能使指示剂的变色范围处于突跃范围之外，导致终点误差增大。

5. 不正确。因为只有满足 $cK_a^\ominus$（或 $cK_b^\ominus$）$\geqslant 10^{-8}$，被滴定的酸或碱才能被准确滴定。而由 HAc 的 $K_a^\ominus=1.74\times10^{-5}$ 得，$K_b^\ominus(Ac^-)=10^{-9.24}$，故即使浓度达到 $1.0mol \cdot L^{-1}$ 也无法满足准确滴定的要求。而采用返滴定法时，当盐酸过量后，形成 HCl 和 HAc 的混合酸，用 NaOH 溶液滴定时，无法进行分步滴定，只能滴出 HCl 和 HAc 的混合酸的总量。

6. 一元弱酸（或弱碱）的准确滴定条件是：$cK_a^\ominus$（或 $cK_b^\ominus$）$\geqslant 10^{-8}$。对于一元弱酸的共轭碱，在判断共轭碱是否可以准确滴定时，需要先计算出共轭碱的碱式解离常数，然后根据准确滴定的判据进行判断。H_3BO_3 是一元弱酸，$H_2BO_3^-$ 的 $K_b^\ominus=\frac{K_w^\ominus}{K_a^\ominus}=\frac{1.0\times10^{-14}}{5.8\times10^{-10}}=1.72\times10^{-5}$，根据准确滴定的判据 $cK_b^\ominus=c\times1.72\times10^{-5}\geqslant10^{-8}$，只要溶液浓度不是特别小，就能满足准确滴定的条件，可以用强酸标准溶液直接进行滴定，一般情况下酸碱滴定的溶液浓度要求均在 $0.01mol \cdot L^{-1}$ 以上。而 Ac^- 的 $K_b^\ominus=\frac{K_w^\ominus}{K_a^\ominus}=\frac{1.0\times10^{-14}}{1.8\times10^{-5}}=5.56\times10^{-10}$，$cK_b^\ominus=c\times5.56\times10^{-10}\leqslant10^{-8}$，不满足准确滴定的条件，所以不能用强酸标准溶液直接进行滴定。

第 5 章

沉淀生成与溶解平衡

学习要求

① 掌握溶度积、活度积、溶解度的概念及相互关系、换算方法。

② 掌握溶度积规则及其应用，理解影响沉淀溶解平衡的主要因素（同离子效应、酸效应和盐效应等）。

③ 掌握氢氧化物和硫化物等难溶物开始沉淀和沉淀完全的条件，以及对应离子浓度或酸度的计算方法。

④ 掌握分步沉淀的定义、原理及其应用，沉淀的转化原理及其应用；熟悉沉淀形成机理、影响沉淀纯度的因素及提高纯度的措施。

⑤ 了解重量分析法的特点、基本原理和步骤，理解恒重概念与化学因素及其应用（测定结果计算）；了解沉淀滴定法的基本原理及其影响因素。

学习要点

1. 沉淀溶解平衡

水中不存在完全不溶解的物质，物质在水中的溶解能力可以用溶解度或溶度积进行衡量。某难溶物沉淀溶解反应达到平衡时，其溶度积 $K_{sp}^{\ominus}$ 等于溶解的各离子浓度幂的乘积，只与难溶电解质的本性和温度有关。某难溶物质的溶度积越大（小），该物质在水中的溶解度越大（小），要生成该难溶物质就越困难（容易）。对于 MA 型难溶强电解质，溶度积和溶解度的关系为：$K_{sp}^{\ominus}=[M^{+}][A^{-}]=s^{2}$。对于 MA_2 型难溶强电解质，溶度积和溶解度的关系为：$K_{sp}^{\ominus}=[M^{2+}][A^{-}]^{2}=4s^{3}$。对于同类型的难溶强电解质，可以根据 $K_{sp}^{\ominus}$ 比较其在水中的溶解度大小，对于不同类型的难溶强电解质，则需要先根据 $K_{sp}^{\ominus}$ 计算出具体的溶解度，再进行比较。需要注意，若溶液的离子强度较大，应改用活度积来衡量。

溶度积规则可以用于判断沉淀溶解反应方向，需用当前难溶物质构晶离子浓度幂的乘积（即离子积 Q_C）与该难溶物质溶度积进行比较。当 $Q_C>K_{sp}^{\ominus}$，将生成沉淀；$Q_C<K_{sp}^{\ominus}$，则不能生成沉淀，如溶液中本身存在固体物质，则固体物质会发生溶解；当 $Q_C=K_{sp}^{\ominus}$，为饱和溶液，达到动态平衡。

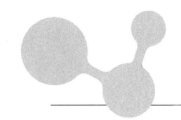

影响难溶物质溶解度的因素有同离子效应、酸效应和盐效应等，其中同离子效应和酸效应需要重点掌握。同离子效应指在沉淀-溶解反应中加入与难溶物具有相同离子的电解质，

使难溶物质的溶解度降低的现象。因此，为了减少难溶物质的溶解损失，沉淀过程中需要加入过量且适量的沉淀剂；洗涤沉淀时也需选择适宜的洗涤剂。但沉淀损失是不能完全避免的，一般在浓度小于或等于 $10^{-5}\,mol \cdot L^{-1}$ 时，认为该种离子沉淀完全；对于重量分析，被沉淀组分应达到定量沉淀完全，则要求沉淀后溶液中剩余被沉淀离子的浓度应小于或等于 $10^{-6}\,mol \cdot L^{-1}$。

酸效应主要指沉淀反应中，除强酸形成的沉淀外，溶液的酸度对难溶物质的溶解度有影响。因此，可以通过调节溶液酸度，使难溶物质溶解或者防止难溶物质生成；反之，也可以使难溶物质沉淀更完全，以减少溶解损失。酸效应应用较多的是难溶氢氧化物和难溶硫化物的沉淀-溶解反应。

2. 分步沉淀和沉淀的转化

分步沉淀是指混合溶液中不同的离子发生先后沉淀的现象。通常，构晶离子的离子积首先超过溶度积的难溶物质先进行沉淀。可以通过计算判断沉淀的先后顺序；也可以在确定的条件下，判断混合的离子是否能实现分离；等等。当溶液中存在多种离子时，如果形成的难溶物质类型相同，它们的溶度积差别越大，混合离子的分离越容易。如果两种难溶物质的溶度积差别较小，适当改变离子浓度可能会使离子的沉淀顺序发生改变。

沉淀的转化指溶液中一种沉淀转变成另一种沉淀的现象。这种现象的产生是由于两种难溶物质的溶度积有差别。通常，溶度积大的难溶物质容易转化成溶度积小的难溶物质。二者的溶度积相差越大，沉淀转化越完全。

3. 沉淀的形成与纯度

沉淀的形成过程可以粗略地分为晶核的生成与晶体的长大等两个基本阶段。晶核的生成中有两种成核作用：一是均相成核作用；二是异相成核作用。前者是指溶液呈过饱和状态时，构晶离子由于静电作用缔合而自发形成晶核的作用；而后者是指溶液中的微粒等外来杂质作为晶种，诱导沉淀形成的作用。在沉淀的长大过程中，聚集速率与定向速率的相对大小决定了沉淀形成的类型。定向速率是指构晶离子在沉淀微粒表面按一定的晶体结构进行定向排列的速率，其大小主要由沉淀物质的本性决定。聚集速率则是指大量的沉淀微粒相互聚集的速率，其大小主要与沉淀时溶液的相对过饱和度有关。相对过饱和度越大，一般均相成核占主导作用，聚集速率就越大。冯・韦曼经验公式表明，沉淀瞬间沉淀物质的总浓度越小，沉淀开始时沉淀物质的溶解度越大，则溶液的相对过饱和度就越小。若定向速率大于聚集速率，一般就易于得到晶形沉淀，否则就可能得到非晶形沉淀。

产生沉淀不纯的主要原因有两大方面：其一是共沉淀现象；其二是继沉淀现象。共沉淀现象主要有三类，分别是表面吸附、吸留或包夹、混晶或固溶体的形成。表面吸附是由晶体表面离子电荷不完全等衡所造成，在表面由吸附层和扩散层形成双电层，构成表面吸附化合物。沉淀时加热，以及沉淀后洗涤沉淀是减少表面吸附的有效方法；也可选用合适的稀电解质溶液作为洗涤剂，以取代杂质离子的吸附。吸留往往是因沉淀生长过快，使得沉淀表面吸附的杂质来不及离开，就被随后沉积上来的离子所覆盖。对于可溶性盐类的结晶，有时母液会机械地包于结晶中，称为包夹。采取陈化、重结晶或再沉淀一般能基本解决吸留或包夹。所谓陈化，是指沉淀后使沉淀与母液共同放置一段时间，或加热搅拌一段时间后再进行固液分离。陈化的作用主要是使小颗粒以及颗粒上不完整的部分不断溶解，大颗粒不断长大，在这过程中使被吸留或包夹的杂质或母液释放出来。若杂质离子的半径与构晶离子的半径相近，电荷与所形成的晶体结构相同，就易形成混晶。若可能发生混晶，则一般事先分离。继沉淀是指某种沉淀析出后，另一种本来难以沉淀的组分在该沉淀的表面继续析出的现象。对于这种原因，主要办法就是缩短沉淀与母液的共存时间，沉淀后稍搅拌一定时间就立即分离。

为了得到粗大纯净的晶形沉淀，应控制较小的相对过饱和度。沉淀的条件是：在适当稀的热溶液中，在不断搅拌的情况下缓慢滴加稀的沉淀剂，沉淀后应陈化。对于非晶形沉淀，应设法使沉淀紧密，防止胶体产生，并尽量减少杂质的吸附。所以，非晶形沉淀的沉淀条件就是：在较浓的热溶液中加入一些易挥发的电解质，在搅拌的情况下，沉淀剂的加入速度可适当快些，沉淀后加适当的热水稀释，并充分搅拌后趁热过滤，不必陈化。

为了达到一定的目的，可以选用均相沉淀法以及小体积沉淀法等沉淀方法。其中均相沉淀法是通过控制一定的条件，使沉淀剂从溶液中缓慢、均匀地产生，避免了常规沉淀方法较易产生局部过饱和的问题。

4. 沉淀的分离与富集

实际工作中，沉淀分离通常是利用难溶氢氧化物或难溶硫化物的溶解度有差别，通过控制溶液酸度来分离金属离子的。根据要分离的金属氢氧化物或硫化物溶度积的大小，判断金属离子沉淀的先后顺序，然后计算先沉淀的金属离子完全沉淀时（$10^{-5}mol \cdot L^{-1}$）的酸度；再计算后沉淀金属离子开始沉淀时的酸度，这两个酸度划定的范围就是分离两种金属离子的酸度条件。对于金属氢氧化物的分离，需要利用溶度积求出氢氧根离子的浓度，再换算成溶液的酸度；对于金属硫化物的分离，需要利用溶度积求出硫离子的浓度，再根据硫离子和氢离子的解离平衡关系计算出溶液的酸度。

富集方法很多，可以根据需要选用。

5. 无机材料制备与物质组成测定中的沉淀法

材料制备中的沉淀法也很多，同样根据需要选用。

物质组成测定中的重量分析法是在一定量的被测组分溶液中加入合适的沉淀剂，通过沉淀反应转化为沉淀物质（沉淀形），经过过滤、洗涤、干燥再转化成组成确定的物质（称量形）。此称量形物质通过称量，并达到恒重后就能根据有关量的关系求得被测组分的含量。其中的恒重是指称量形物质经过两次干燥处理后，两次称量所得质量之差不超过分析天平的称量误差。当称量形物质与被测组分的表示形式相同时，计算最为简单；若称量形物质与被测组分的表示形式不同，就需要通过换算因素将称量形物质的质量换算成被测组分的质量。

注意：换算因素表达式的分子和分母中主要元素的原子数目应相等。

物质组成测定中的沉淀滴定法是以沉淀反应为基础的滴定分析法。最有实际意义的为银量法。根据所用指示剂的不同，按创立者的名字命名，有莫尔法、福尔哈德法、法扬斯法等三种。其中莫尔法是一种以 K_2CrO_4 为指示剂，在中性或弱碱性溶液中，用 $AgNO_3$ 标准溶液滴定 Cl^- 或 Br^- 的银量法。使用这种方法时主要应注意两个条件：其一，指示剂的用量应适当，一般应控制 $[CrO_4^{2-}]=5.0\times10^{-3}mol \cdot L^{-1}$；其二，溶液的酸度应掌握在 pH＝6.5～10.5，若有 NH_4^+ 存在，酸度的上限应降至 pH＝7.2。

典型例题

例 1　已知：$K_{sp}^{\ominus}(MnS)=2.5\times10^{-13}$，$K_{sp}^{\ominus}(CdS)=8.0\times10^{-27}$；$H_2S$ 的 $K_{a1}^{\ominus}=8.9\times10^{-8}$，$K_{a2}^{\ominus}=1.3\times10^{-14}$。溶液中含浓度均为 $0.1mol\cdot L^{-1}$ 的 Mn^{2+}、Cd^{2+}，通入 H_2S 气体至饱和，计算使 Cd^{2+} 沉淀完全而 Mn^{2+} 不沉淀，溶液中 S^{2-} 浓度应控制的范围及控制的最低酸度。

解　CdS 溶解达到平衡时，因 $[Cd^{2+}][S^{2-}]=8.0\times10^{-27}$，所以

$$10^{-5}\times[S^{2-}]_{终}=8.0\times10^{-27}$$

$$[S^{2-}]=8.0\times10^{-22}mol\cdot L^{-1}$$

Mn^{2+} 开始沉淀时，$[Mn^{2+}]=0.1mol\cdot L^{-1}$，则：

$$0.10\times[S^{2-}]=2.5\times10^{-13}$$

解得：

$$[S^{2-}]=2.5\times10^{-12}mol\cdot L^{-1}$$

故溶液中 S^{2-} 的浓度应控制在 $8.0\times10^{-22}\sim2.5\times10^{-12}mol\cdot L^{-1}$。最低酸度为：

$$[H^+]^2=\frac{K_{a1}^{\ominus}K_{a2}^{\ominus}[H_2S]}{[S^{2-}]}=\frac{8.9\times10^{-8}\times1.3\times10^{-14}\times0.10}{2.5\times10^{-12}}=4.6\times10^{-11}$$

$$[H^+]=6.8\times10^{-6}mol\cdot L^{-1}$$

例 2　15mL $0.05mol\cdot L^{-1}$ $MgCl_2$ 和 10mL $0.02mol\cdot L^{-1}$ $NH_3\cdot H_2O$ 相混合，求：

（1）是否有沉淀生成？

（2）为不使 $Mg(OH)_2$ 沉淀析出，至少应加入 NH_4Cl 多少克？假定体积不变，$K_{sp}^{\ominus}[Mg(OH)_2]=5.6\times10^{-12}$，$K_b^{\ominus}(NH_3)=1.8\times10^{-5}$。

解　（1）$NH_3(aq)+H_2O(l)\rightleftharpoons NH_4^+(aq)+OH^-(aq)$

$Mg^{2+}(aq)+2OH^-(l)\rightleftharpoons Mg(OH)_2(s)$

两种溶液混合，溶液浓度发生变化，则：

$$c(Mg^{2+})=\frac{0.05\times15\times10^{-3}}{(15+10)\times10^{-3}}=0.03(mol\cdot L^{-1})$$

$$c(NH_3)=\frac{0.02\times10\times10^{-3}}{(15+10)\times10^{-3}}=0.008(mol\cdot L^{-1})$$

$$[OH^-]=\sqrt{K_b^{\ominus}c(NH_3)}=\sqrt{1.8\times10^{-5}\times0.008}=3.8\times10^{-4}(mol\cdot L^{-1})$$

$$Q_C=c(Mg^{2+})[OH^-]^2=0.03\times(3.8\times10^{-4})^2=4.3\times10^{-9}>K_{sp}^{\ominus}$$

故有 $Mg(OH)_2$ 沉淀生成。

（2）解法一：分步考虑

$Mg(OH)_2$ 不沉淀，$[Mg^{2+}][OH^-]^2\leqslant K_{sp}^{\ominus}$，则：

$$[OH^-]=\sqrt{K_{sp}^{\ominus}/c(Mg^{2+})}=\sqrt{5.6\times10^{-12}/0.03}=1.4\times10^{-5}(mol\cdot L^{-1})$$

设加入的 NH_4^+ 浓度为 $c\,mol\cdot L^{-1}$

$$\begin{array}{ccc} NH_3(aq)+H_2O(l)\rightleftharpoons & NH_4^+(aq)+ & OH^-(aq) \\ 0.008-1.4\times10^{-5} & c+1.4\times10^{-5} & 1.4\times10^{-5} \end{array}$$

$$\frac{(c+1.4\times10^{-5})\times1.4\times10^{-5}}{0.008-1.4\times10^{-5}}=1.8\times10^{-5}\approx\frac{1.4\times10^{-5}c}{0.008}$$

$$c=1.0\times10^{-2}(\text{mol}\cdot\text{L}^{-1})$$

则至少加入 NH_4Cl 的质量为：

$$m=cVM=1.0\times10^{-2}\times0.025\times53.5=1.3\times10^{-2}(\text{g})$$

解法二：两种溶液混合后总反应为：

$$Mg^{2+}(aq)+2NH_3(aq)+2H_2O(l)\rightleftharpoons Mg(OH)_2(s)+2NH_4^+(aq)$$

$$K^{\ominus}=\frac{[NH_4^+]^2}{[Mg^{2+}][NH_3]^2}=\frac{(K_b^{\ominus})^2}{K_{sp}^{\ominus}}=\frac{(1.8\times10^{-5})^2}{5.6\times10^{-12}}=57.9$$

浓度变为：

$$c(Mg^{2+})=0.03\text{mol}\cdot\text{L}^{-1}$$

$$c(NH_3)=0.008\text{mol}\cdot\text{L}^{-1}$$

则有

$$57.9=\frac{[NH_4^+]^2}{0.03\times0.008^2}$$

$$c(NH_4^+)=1.0\times10^{-2}\text{mol}\cdot\text{L}^{-1}$$

故至少加入 NH_4Cl 的质量为：

$$m=cVM=1.0\times10^{-2}\times0.025\times53.5=1.3\times10^{-2}(\text{g})$$

例 3 欲溶解 0.003mol MnS，至少需用 500mL 多大浓度的 HAc？已知 $K_{sp}^{\ominus}(MnS)=2.5\times10^{-13}$，$K_a^{\ominus}(HAc)=1.7\times10^{-5}$，$K_{a1}^{\ominus}(H_2S)=8.9\times10^{-8}$，$K_{a2}^{\ominus}(H_2S)=1.3\times10^{-14}$。

解 溶解反应方程式

$$MnS(s)+2HAc(aq)\rightleftharpoons Mn^{2+}(aq)\quad+\quad H_2S(aq)\quad+\quad 2Ac^-(aq)$$

$$[HAc]\qquad 0.003/0.5\qquad 0.003/0.5\qquad 2\times0.003/0.5$$

$$K^{\ominus}=\frac{[Mn^{2+}][H_2S][Ac^-]^2}{[HAc]^2}=\frac{K_{sp}^{\ominus}(MnS)K_a^{\ominus}(HAc)^2}{K_{a1}^{\ominus}K_{a2}^{\ominus}}$$

$$=\frac{2.5\times10^{-13}\times(1.7\times10^{-5})^2}{8.9\times10^{-8}\times1.3\times10^{-14}}=6.2\times10^{-2}$$

$$\frac{0.006\times0.006\times0.012^2}{[HAc]^2}=6.2\times10^{-2}$$

$$[HAc]=2.9\times10^{-4}\text{mol}\cdot\text{L}^{-1}$$

溶解消耗 HAc 的物质的量为：$0.5\times0.012=0.006(\text{mol})$。

需要 HAc 的浓度至少为：$(0.006+2.9\times10^{-4}\times0.5)/0.5=1.2\times10^{-2}(\text{mol}\cdot\text{L}^{-1})$。

例 4 将 $PbSO_4$ 和 $CaSO_4$ 置于水中，形成含有 $PbSO_4$ 和 $CaSO_4$ 的饱和溶液，此时溶液中 Pb^{2+} 和 Ca^{2+} 的浓度分别为多少？已知 $K_{sp}^{\ominus}(PbSO_4)=2.5\times10^{-8}$，$K_{sp}^{\ominus}(CaSO_4)=4.9\times10^{-5}$。

解 因

$$[SO_4^{2-}]=\frac{K_{sp}^{\ominus}(PbSO_4)}{[Pb^{2+}]}=\frac{K_{sp}^{\ominus}(CaSO_4)}{[Ca^{2+}]}$$

$$[SO_4^{2-}]=[Pb^{2+}]+[Ca^{2+}]$$

所以

$$[SO_4^{2-}]^2=K_{sp}^{\ominus}(PbSO_4)+K_{sp}^{\ominus}(CaSO_4)$$

$$[SO_4^{2-}]=\sqrt{K_{sp}^{\ominus}(PbSO_4)+K_{sp}^{\ominus}(CaSO_4)}=7.0\times10^{-3}(\text{mol}\cdot\text{L}^{-1})$$

得

$$[Pb^{2+}]=\frac{K_{sp}^{\ominus}(PbSO_4)}{[SO_4^{2-}]}=3.6\times10^{-6}(\text{mol}\cdot\text{L}^{-1})$$

$$[Ca^{2+}]=\frac{K_{sp}^{\ominus}(CaSO_4)}{[SO_4^{2-}]}=7.0\times10^{-3}(mol\cdot L^{-1})$$

例 5　要溶解 0.015mol 的 $PbSO_4$，问需要 1.0L 多大浓度的 Na_2CO_3？已知 $K_{sp}^{\ominus}(PbSO_4)=2.5\times10^{-8}$，$K_{sp}^{\ominus}(PbCO_3)=7.4\times10^{-14}$。

解　反应方程式为：$PbSO_4(s)+CO_3^{2-}(aq)\rightleftharpoons PbCO_3(s)+SO_4^{2-}(aq)$

$$K^{\ominus}=\frac{[SO_4^{2-}]}{[CO_3^{2-}]}=\frac{K_{sp}^{\ominus}(PbSO_4)}{K_{sp}^{\ominus}(PbCO_3)}=\frac{2.5\times10^{-8}}{7.4\times10^{-14}}=3.4\times10^{5}$$

平衡时，$[SO_4^{2-}]=0.015mol\cdot L^{-1}$，则

$$[CO_3^{2-}]=\frac{0.015}{3.4\times10^{5}}=4.4\times10^{-8}(mol\cdot L^{-1})$$

至少需要 $n(Na_2CO_3)=0.015+4.4\times10^{-8}\approx0.015(mol\cdot L^{-1})$。

例 6　某溶液中含浓度均为 $0.010mol\cdot L^{-1}$ 的 Cu^{2+} 和 Mn^{2+}，若用氢氧化物进行分离，计算所需控制的溶液 pH 范围。已知 $K_{sp}^{\ominus}[Cu(OH)_2]=2.2\times10^{-20}$，$K_{sp}^{\ominus}[Mn(OH)_2]=2.5\times10^{-13}$。

解　同类型金属离子浓度相同时，溶度积小的先沉淀，故 Cu^{2+} 先沉淀。

当 Cu^{2+} 沉淀完全时，$[Cu^{2+}]\leqslant10^{-5}mol\cdot L^{-1}$，有

$$[Cu^{2+}][OH^-]^2=2.2\times10^{-20}$$

解得 $[OH^-]=4.69\times10^{-8}mol\cdot L^{-1}$，$pOH=7.3$，$pH=14-7.3=6.7$。

当 Mn^{2+} 刚开始沉淀时，$[Mn^{2+}]=0.010mol\cdot L^{-1}$，有

$$[Mn^{2+}][OH^-]^2=2.5\times10^{-13}$$

解得 $[OH^-]=5.0\times10^{-6}mol\cdot L^{-1}$，$pOH=5.3$，$pH=14-5.3=8.7$。

故所需控制的溶液 pH 范围是 6.7～8.7。

习题

一、选择题

1. 下列结论不正确的是（　　）。

A. 在相同的 KNO_3 浓度条件下，盐效应对 $PbSO_4$ 溶解度的影响程度比对 AgCl 的要大

B. 某难溶物质饱和溶液中构晶离子浓度幂的乘积等于溶度积常数，此关系适用于难溶电解质

C. 难溶电解质的溶度积常数是特征常数，只与温度有关，与沉淀量的多少和离子浓度的变化无关

D. 比较难溶电解质溶度积的大小，即可得出其溶解度的相对大小

2. $CaCO_3$ 在纯水及浓度均为 $0.1mol\cdot L^{-1}$ 的 NaCl、$CaCl_2$、HCl 溶液中的溶解度大小顺序是（　　）。

A. NaCl＞HCl＞纯水＞$CaCl_2$　　B. HCl＞NaCl＞$CaCl_2$＞纯水

C. HCl＞NaCl＞纯水＞$CaCl_2$　　D. HCl＞纯水＞NaCl＞$CaCl_2$

3. 溶液中含有浓度相等的 Pb^{2+}、Cu^{2+}、Ba^{2+}（其碳酸盐的溶度积常数依次为 7.4×10^{-14}、1.4×10^{-10}、2.6×10^{-9}），加入 Na_2CO_3 溶液，上述离子被沉淀的先后顺序是（　　）。

A. Pb^{2+}、Cu^{2+}、Ba^{2+}　　B. Ba^{2+}、Cu^{2+}、Pb^{2+}

C. Cu^{2+}、Pb^{2+}、Ba^{2+}　　D. Cu^{2+}、Ba^{2+}、Pb^{2+}

4. $K_{sp}^{\ominus}$（ZnS）$=2.5\times10^{-22}$，$K_{sp}^{\ominus}$(CdS)$=8.0\times10^{-27}$，$K_{sp}^{\ominus}$(HgS)$=1.6\times10^{-52}$。在浓度相等的 Zn^{2+}、Cd^{2+}、Hg^{2+} 的混合溶液中，$[H^+]=2.0mol\cdot L^{-1}$，通入 H_2S 至饱和，无沉淀生成的一组离子是（　　）。

A. Zn^{2+}、Cd^{2+}　　B. Cd^{2+}、Hg^{2+}

C. Zn^{2+}　　D. Zn^{2+}、Hg^{2+}

5. 下列难溶电解质在水中溶解度最小的是（　　）。

A. $PbCrO_4$($K_{sp}^{\ominus}=2.8\times10^{-13}$)　　B. AgI($K_{sp}^{\ominus}=8.5\times10^{-17}$)

C. Ag_2CrO_4($K_{sp}^{\ominus}=1.1\times10^{-12}$)　　D. BaC_2O_4（$K_{sp}^{\ominus}=1.2\times10^{-7}$）

6. 已知 $K_{sp}^{\ominus}[Mn(OH)_2]=1.9\times10^{-13}$，氨水的 $K_b^{\ominus}=1.8\times10^{-5}$。若 $0.20mol\cdot L^{-1}$ $MnCl_2$ 和 $0.02mol\cdot L^{-1}$ 氨水等体积混合，下列结论正确的是（　　）。

A. $Q_C=1.8\times10^{-8}>K_{sp}^{\ominus}[Mn(OH)_2]$，有沉淀

B. $Q_C=1.0\times10^{-8}>K_{sp}^{\ominus}[Mn(OH)_2]$，有沉淀

C. $Q_C=1.9\times10^{-12}>K_{sp}^{\ominus}[Mn(OH)_2]$，有沉淀

D. $Q_C=1.8\times10^{-15}<K_{sp}^{\ominus}[Mn(OH)_2]$，无沉淀

7. 在下列难溶物中，其溶解度不随 pH 变化的是（　　）。

A. PbS　　B. $Cu(OH)_2$

C. $CaCO_3$　　D. $BaSO_4$

8. 为除去 $PbCrO_4$ 中的 SO_4^{2-} 杂质，每次用 100mL 去离子水洗涤，一次和三次的损失分别是（　　）。$[K_{sp}^{\ominus}(PbCrO_4)=2.8\times10^{-13}]$

A. 1.7mg，5.1mg　　B. 0.017mg，0.051mg

C. 0.17mg，3.4mg　　D. 0.17mg，5.1mg

9. 欲使 Ag_2CO_3（$K_{sp}^{\ominus}=8.5\times10^{-12}$）转化为 $Ag_2C_2O_4$（$K_{sp}^{\ominus}=5.3\times10^{-12}$），必须使（　　）。

A. $[C_2O_4^{2-}]<0.63[CO_3^{2-}]$

B. $[C_2O_4^{2-}]>1.6[CO_3^{2-}]$

C. $[C_2O_4^{2-}]<1.6[CO_3^{2-}]$

D. $[C_2O_4^{2-}]>0.63[CO_3^{2-}]$

二、填空题

1. 向含有 $BaSO_4$ 固体的饱和溶液中通入 CO_2，$BaSO_4$ 的溶解度____，$BaSO_4$ 的溶度积常数______。

2. $K_{sp}^{\ominus}(AgCl)=1.8\times10^{-10}$，$K_{sp}^{\ominus}(AgI)=8.5\times10^{-17}$，在含 AgCl 和 AgI 沉淀的饱和溶液中，$[Cl^-]/[I^-]=$______。

3. 有一难溶电解质 AB_2，在水中的溶解度为 $s(mol\cdot L^{-1})$，则 $K_{sp}^{\ominus}$ 的表达式为______。

4. 向含有难溶盐固体的饱和溶液中加水，难溶盐的溶解度和溶度积常数____________。

5. 若将 $PbCrO_4$（$K_{sp}^{\ominus}=2.8\times10^{-3}$）沉淀转化为 PbI_2（$K_{sp}^{\ominus}=7.1\times10^{-9}$）沉淀，其转化反应的平衡常数 $K^{\ominus}=$______。

6. AgCl 的溶度积常数为 1.8×10^{-10}，AgCl 在 $0.0010\text{mol}\cdot\text{L}^{-1}$ 盐酸中的溶解度为________ $\text{mol}\cdot\text{L}^{-1}$。

7. 已知 PbS、MnS、ZnS 的溶度积依次为 8.0×10^{-28}、2.5×10^{-13}、2.5×10^{-22}，其中既能溶于强酸，又能溶于弱酸的硫化物是__________。

三、计算题

1. 某溶液中 Pb^{2+}、Ni^{2+} 浓度均为 $0.020\text{mol}\cdot\text{L}^{-1}$，若向其中通入 H_2S 气体至饱和。问溶液酸度应控制在多大的范围，才能使两者实现定性分离？已知 $K_{sp}^{\ominus}(PbS)=8.0\times10^{-28}$，$K_{sp}^{\ominus}(NiS)=1.1\times10^{-21}$，$K_{a1}^{\ominus}(H_2S)=8.9\times10^{-8}$，$K_{a2}^{\ominus}(H_2S)=1.3\times10^{-14}$。

2. 求使 $0.010\text{mol}\cdot\text{L}^{-1}$ Fe^{3+} 开始生成氢氧化物沉淀及沉淀完全时的 pH。（$K_{sp}^{\ominus}[Fe(OH)_3]=2.8\times10^{-39}$）

3. 某溶液中含有 Li^+ 和 Mg^{2+}，浓度均为 $0.10\text{mol}\cdot\text{L}^{-1}$。现滴加 NaF 溶液（忽略体积变化），先沉淀的离子是哪一种？第二种离子开始沉淀时，溶液中第一种离子的浓度为多少？可否实现定性分离？已知 $K_{sp}^{\ominus}(MgF_2)=5.2\times10^{-11}$，$K_{sp}^{\ominus}(LiF)=1.8\times10^{-3}$。

4. 已知 AgCl 的溶度积为 1.8×10^{-10}，AgI 的溶度积为 8.5×10^{-17}。当 AgCl 和 AgI 共沉淀时，Ag^+ 浓度为多少？

5. 氨水的 $K_b^{\ominus}=1.8\times10^{-5}$，$K_{sp}^{\ominus}[Mg(OH)_2]=5.6\times10^{-12}$。若 $0.002\text{mol}\cdot\text{L}^{-1}$ $MgCl_2$ 和 $0.2\text{mol}\cdot\text{L}^{-1}$ 氨水等体积混合，有无 $Mg(OH)_2$ 沉淀生成？

四、简答题

1. 在相同 KNO_3 浓度条件下，$BaSO_4$ 和 AgCl 的溶解度是否会受到影响？影响是否相同？

2. 溶度积常数大的难溶物溶解度是否也更大？

习题答案

一、选择题

1.D 2.C 3.A 4.C 5.B
6.A 7.D 8.B 9.D

二、填空题

1. 增大；不变
2. 2.1×10^{6}
3. $4s^{3}$
4. 不变
5. 3.9×10^{5}
6. 1.8×10^{-7}
7. MnS

三、计算题

1. $[H^{+}]=0.046\sim1.2mol\cdot L^{-1}$。
2. 开始沉淀时 pH=1.8，沉淀完全时 pH=2.8。
3. MgF_2 先沉淀，$[Mg^{2+}]=1.6\times10^{-7}mol\cdot L^{-1}$，可以分离。
4. $1.34\times10^{-5}mol\cdot L^{-1}$。
5. 有 $Mg(OH)_2$ 沉淀产生。

四、简答题

1. 有影响。加入 KNO_3，对 $BaSO_4$ 和 AgCl 有盐效应，溶液中离子的活度降低，$BaSO_4$ 和 AgCl 会进一步溶解，使 $BaSO_4$ 和 AgCl 的溶解度提升。但对 $BaSO_4$ 和 AgCl 的影响不相同，盐效应的大小与离子所带电荷量有关，离子所带电荷越多，离子氛越明显，盐效应越强烈，所以对 $BaSO_4$ 的影响要大于 AgCl。

2. 当两种难溶物的类型相同时，如都是 MA 型或 MA_2 型等，那么溶度积常数和溶解度的计算关系式是一致的，溶度积常数越大，溶解度也越大；当两种难溶物的类型不相同时，如 A 物质是 MA 型，B 物质是 MA_2 型，则 A 物质溶度积常数和溶解度的计算关系式为 $s_A=\sqrt{K_{sp}^{\ominus}}$，B 物质溶度积常数和溶解度的计算关系式为 $s_B=\sqrt{\frac{K_{sp}^{\ominus}}{4}}$。因此不同类型，需要计算出溶解度才可以确定溶解度的大小。

第 6 章

氧化还原平衡与电极电势

学习要求

① 学习并理解氧化还原反应、原电池、电极电势等基本概念；熟练掌握氧化还原反应方程式的配平，根据氧化还原反应写出相应原电池的电池符号、电池半反应、电池总反应。

② 掌握电极电势的应用，熟练运用能斯特方程式进行相关的计算；利用电极电势比较氧化剂和还原剂的相对强弱，判断氧化还原反应的方向，确定氧化还原反应的限度，计算溶度积常数、pH 值以及化学平衡常数；了解条件电极电势的概念及应用。

③ 掌握元素电势图的表示法，能够画出相应的元素电势图，并能熟练运用其计算出不同电对的标准电极电势。

④ 了解氧化还原滴定的原理和方法，掌握常用的氧化还原滴定分析方法，如高锰酸钾法、重铬酸钾法、碘量法的方法原理及其特点；掌握滴定终点的一般判定方法，掌握选择指示剂的原则，能选择适宜的指示剂，熟练掌握相应结果的计算。

⑤ 了解化学电源的相关知识，以及金属的腐蚀与防护知识。

学习要点（重要计算公式）

① $E=E^{\ominus}+\dfrac{RT}{nF}\ln\dfrac{[\text{氧化型}]^a}{[\text{还原型}]^b}$。

② 当温度为 25℃时，$E=E^{\ominus}+\dfrac{0.0592\text{V}}{n}\lg\dfrac{[\text{氧化型}]^a}{[\text{还原型}]^b}$。

③ 条件电极电势：$E(\text{氧/还})=E^{\ominus\prime}(\text{氧/还})+\dfrac{0.0592\text{V}}{n}\lg\dfrac{c^a_{\text{氧}}}{c^b_{\text{还}}}$。

④ 原电池的电动势：$E_{\text{电动势}}=E_{\text{正}}-E_{\text{负}}$。

⑤ $\Delta_rG_m=-nFE$，则 $\Delta_rG^{\ominus}_m=-nFE^{\ominus}$。

⑥ $\lg K^{\ominus}=\dfrac{nFE^{\ominus}}{2.303RT}$，当温度 $T=298.15\text{K}$ 时，可得：$\lg K^{\ominus}=\dfrac{nE^{\ominus}}{0.0592}$。

⑦ $\lg K^{\ominus\prime}=\lg\left\{\left(\dfrac{[\text{还原剂}_1]}{[\text{氧化剂}_1]}\right)^{n_2}\times\left(\dfrac{[\text{氧化剂}_2]}{[\text{还原剂}_2]}\right)^{n_1}\right\}=\dfrac{(E^{\ominus\prime}_1-E^{\ominus\prime}_2)n}{0.0592}$。

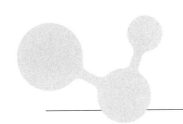

⑧ $E=E^{\ominus}_{\mathrm{In}}+\dfrac{0.0592\mathrm{V}}{n}\lg\dfrac{[\mathrm{In}_{氧}]}{[\mathrm{In}_{还}]}$。

⑨ $E_{\mathrm{eq}}=\dfrac{n_1E_1+n_2E_2}{n_1+n_2}$。

⑩ $E^{\ominus}=\dfrac{n_1E_1^{\ominus}+n_2E_2^{\ominus}+n_3E_3^{\ominus}}{n}$。

典型例题

例 1　已知元素电势图：$Hg^{2+}\xrightarrow{0.920\mathrm{V}}Hg_2^{2+}\xrightarrow{0.793\mathrm{V}}Hg$，且 $K^{\ominus}_{稳}(HgI_4^{2-})=6.7\times10^{29}$。求：

(1) $E^{\ominus}(HgI_4^{2-}/Hg_2^{2+})$；

(2) 标准状态下，反应 $Hg_2^{2+}+4I^-\rightleftharpoons HgI_4^{2-}+Hg$ 的 $E^{\ominus}$、$\Delta_rG_m^{\ominus}$。

解　(1) 要求 $E^{\ominus}(HgI_4^{2-}/Hg_2^{2+})$，必须通过能斯特方程式。$E^{\ominus}(Hg^{2+}/Hg_2^{2+})$ 的值可以从元素电势图中知道，但当 Hg^{2+} 产生配合物时，电势值发生变化，相当于求解条件电极电势。

$$E^{\ominus}(HgI_4^{2-}/Hg_2^{2+})=E^{\ominus}(Hg^{2+}/Hg_2^{2+})+0.0592\mathrm{V}\lg\frac{c(Hg^{2+})}{[c(Hg_2^{2+})]^{\frac{1}{2}}}$$

而　$Hg^{2+}+4I^-\rightleftharpoons HgI_4^{2-}$，则 $c(Hg^{2+})=\dfrac{c(HgI_4^{2-})}{K^{\ominus}_{稳}(HgI_4^{2-})c^4(I^-)}$，代入上式得

$$E^{\ominus}(HgI_4^{2-}/Hg_2^{2+})=E^{\ominus}(Hg^{2+}/Hg_2^{2+})+0.0592\mathrm{V}\lg\frac{c(HgI_4^{2-})}{K_{稳}(HgI_4^{2-})c^{0.5}(Hg_2^{2+})c^4(I^-)}$$

在标准状态下，$HgI_4^{2-}+e^-\longrightarrow\frac{1}{2}Hg_2^{2+}+4I^-$ 中

$$c(HgI_4^{2-})=c(Hg_2^{2+})=c(I^-)=1.0\mathrm{mol\cdot L^{-1}}$$

所以 $E^{\ominus}(HgI_4^{2-}/Hg_2^{2+})=0.920\mathrm{V}+0.0592\mathrm{V}\lg\dfrac{1}{6.7\times10^{29}}=-0.846\mathrm{V}$。

(2) 将上述反应拆成两个半反应，求解组成的原电池的标准电动势，通过热力学关系，求解出该反应的 $E^{\ominus}$、$\Delta_rG_m^{\ominus}$。

两个半反应分别为：

$$正极\quad \frac{1}{2}Hg_2^{2+}+e^-\longrightarrow Hg$$

$$负极\quad \frac{1}{2}Hg_2^{2+}+4I^-\longrightarrow HgI_4^{2-}+e^-$$

$$E^{\ominus}=E^{\ominus}_{正}-E^{\ominus}_{负}=E^{\ominus}(Hg_2^{2+}/Hg)-E^{\ominus}(HgI_4^{2-}/Hg_2^{2+})$$
$$=0.793-(-0.846)=1.639(\mathrm{V})$$

$$\Delta_rG_m^{\ominus}=-nFE^{\ominus}=-96485\times1.639\times10^{-3}=-158.1(\mathrm{kJ\cdot mol^{-1}})$$

例 2 已知 $E^\ominus(MnO_4^-/Mn^{2+})=1.51V$，$E^\ominus(Cl_2/Cl^-)=1.36V$，若将此两电对组成原电池，请写出：

（1）该电池的电池符号；

（2）正负电极的电极反应和电池反应，以及电池标准电动势；

（3）电池反应在 25℃时的 $\Delta_rG_m^\ominus$ 和 $K^\ominus$；

（4）当 $c(H^+)=1.0\times10^{-2}mol\cdot L^{-1}$，而其他离子浓度均为 $1.0mol\cdot L^{-1}$，$p_{Cl_2}=100kPa$ 时的电池电动势；

（5）在（4）的情况下，$K^\ominus$ 和 Δ_rG_m 各是多少？

解 本题是电化学部分比较典型、全面的题型，首先判断正负极，然后写出原电池的符号和各电极反应。通过标准电动势求解热力学数据 $\Delta_rG_m^\ominus$ 和 $K^\ominus$，然后再练习能斯特方程在电化学中的应用。

（1）由于 $E^\ominus(MnO_4^-/Mn^{2+})>E^\ominus(Cl_2/Cl^-)$，所以氯为负极，锰为正极。电池表示为：

$$(-)Pt|Cl_2(g)|Cl^-||MnO_4^-,Mn^{2+},H^+|Pt(+)$$

（2）正极：$MnO_4^-+5e^-+8H^+\longrightarrow Mn^{2+}+4H_2O$

负极：$Cl_2+2e^-\longrightarrow 2Cl^-$

电池反应：$2MnO_4^-+10Cl^-+16H^+\rightleftharpoons 2Mn^{2+}+5Cl_2+8H_2O$

$E^\ominus=E_{正}^\ominus-E_{负}^\ominus=E^\ominus(MnO_4^-/Mn^{2+})-E^\ominus(Cl_2/Cl^-)=1.51-1.36=0.15(V)$

（3）$\Delta_rG_m^\ominus=-nFE^\ominus=-96485\times10\times0.15\times10^{-3}=-144.7(kJ\cdot mol^{-1})$

根据 $\lg K^\ominus=\dfrac{nE^\ominus}{0.0592V}$，得

$$\lg K^\ominus=\frac{10\times0.15}{0.0592}=25.34$$

$$K^\ominus=2.2\times10^{25}$$

（4）
$$E(MnO_4^-/Mn^{2+})=E^\ominus(MnO_4^-/Mn^{2+})+\frac{0.0592V}{5}\lg(c_{H^+})^8$$
$$=1.51V+0.09472V\lg(1.0\times10^{-2})=1.32V$$
$$E=E_{正}-E_{负}^\ominus=1.32-1.36=-0.04(V)$$

（5）$K^\ominus$不变，因为平衡常数不随浓度变化，$K^\ominus=2.2\times10^{25}$，所以

$\Delta_rG_m=-nFE=-96485\times10\times(1.32-1.36)\times10^{-3}=38.6(kJ\cdot mol^{-1})$

例 3 在 Ag^+、Cu^{2+} 浓度分别为 $1.0\times10^{-2}mol\cdot L^{-1}$ 和 $0.10mol\cdot L^{-1}$ 的混合溶液中加入 Fe 粉，哪种金属离子先被还原？当第二种离子被还原时，第一种金属离子在溶液中的浓度为多少？

解 首先根据银、铜与铁所形成的电势差的大小，判断哪一种离子先被还原；当第二种离子也开始还原时，二者的电势一定相等，说明先被还原的离子浓度已经大大降低了，并根据能斯特方程求出其浓度。

$$E(Cu^{2+}/Cu)=E^\ominus(Cu^{2+}/Cu)+\frac{0.0592V}{2}\lg c(Cu^{2+})$$
$$=0.34V+\frac{0.0592V}{2}\lg0.10=0.31V$$

$$E(Ag^+/Ag)=E^{\ominus}(Ag^+/Ag)+0.0592V\lg c(Ag^+)$$
$$=0.7991V+0.0592V\lg(1.0\times10^{-2})=0.681V$$

因 $E^{\ominus}(Fe^{2+}/Fe)=-0.44V$，所以

$$E(Ag^+/Ag)-E^{\ominus}(Fe^{2+}/Fe)=1.121V>E(Cu^{2+}/Cu)-E^{\ominus}(Fe^{2+}/Fe)=0.75V$$

故 Ag^+ 先被 Fe 粉还原。

当 Cu^{2+} 要被还原时，需 $E(Ag^+/Ag)=E(Cu^{2+}/Cu)$，这时

$$E(Ag^+/Ag)=E^{\ominus}(Ag^+/Ag)+0.0592\lg c(Ag^+)=E(Cu^{2+}/Cu)=0.31V$$
$$c(Ag^+)=5.5\times10^{-9}mol\cdot L^{-1}$$

即当 Cu^{2+} 被还原时，Ag^+ 在溶液中的浓度为 $5.5\times10^{-9}mol\cdot L^{-1}$。

例 4 已知 $E^{\ominus}(Pb^{2+}/Pb)=-0.126V$，$E^{\ominus}(Cu^{2+}/Cu)=0.342V$，测得电池 $Cu|CuS|S^{2-}(0.1mol\cdot L^{-1})\|Pb^{2+}|Pb$ 在 298K 时的电动势为 0.544V，计算 CuS 的溶度积，判断铜电极为正极还是负极。

解 $E_{电动势}=E_{正}-E_{负}=-0.126-E_{负}=0.544V$，得 $E_{负}=-0.670V$。

$$CuS+2e^-\longrightarrow S^{2-}+Cu$$

$$E_{负}=E(CuS/Cu)=E^{\ominus}(CuS/Cu)+\frac{0.0592V}{2}\lg\frac{1}{[S^{2-}]}=-0.670V$$

解得
$$E^{\ominus}(CuS/Cu)=-0.6996V$$

$$E^{\ominus}(CuS/Cu)=E(Cu^{2+}/Cu)=E^{\ominus}(Cu^{2+}/Cu)+\frac{0.0592V}{2}\lg[Cu^{2+}]$$
$$=0.342V+\frac{0.0592V}{2}\lg K_{sp}^{\ominus}(CuS)=-0.6996V$$

$$\lg K_{sp}^{\ominus}(CuS)=-35.2，得\ K_{sp}^{\ominus}(CuS)=6.3\times10^{-36}$$

由于铜电极的电极电势值比较低，所以为负极。

例 5 已知 Ag^+/Ag 和 $AgBr(s)/Ag$ 电对的标准电极电势分别为 0.7996V 和 0.0713V，计算 AgBr 的溶度积常数。

解 解法一：电极反应式

$$Ag^++e^-\longrightarrow Ag$$
$$AgBr+e^-\longrightarrow Ag+Br^-$$

银电极为正极，溴化银电极为负极，总反应是：$Ag^++Br^-=\!=\!=AgBr$，则

$$E_{电动势}^{\ominus}=0.7996-0.0713=0.7283(V)$$

$$\lg K^{\ominus}=\frac{nE_{电动势}^{\ominus}}{0.0592}$$

解得
$$K^{\ominus}=2.006\times10^{12}$$

则
$$K_{sp}^{\ominus}=1/K^{\ominus}=4.98\times10^{-13}$$

解法二：

$$E^{\ominus}(AgBr/Ag)=E(Ag^+/Ag)=E^{\ominus}(Ag^+/Ag)+0.0592V\lg[Ag^+]$$
$$=0.7996V+0.0592V\lg K_{sp}^{\ominus}(AgBr)=0.0713V$$

解得
$$K_{sp}^{\ominus}=4.98\times10^{-13}$$

例 6 已知 MnO_4^-/Mn^{2+} 及 Fe^{3+}/Fe^{2+} 电对的标准电极电势分别为 1.507V 和 0.771V，将这两个电对组成原电池，当氢离子浓度为 $0.010mol\cdot L^{-1}$，其余离子浓度均为 $1.0mol\cdot L^{-1}$

时，求 $E(MnO_4^-/Mn^{2+})$以及电动势的值，并判断反应方向。

解 $E(MnO_4^-/Mn^{2+})=E^\ominus(MnO_4^-/Mn^{2+})+\frac{0.0592V}{5}\lg\frac{[MnO_4^-][H^+]^8}{[Mn^{2+}]}$

$$=1.507V+\frac{0.0592V}{5}\lg 0.01^8=1.318V$$

$E_{电动势}=1.318-0.771=0.547(V)$，电动势大于0，反应正向自发进行。

例7 已知 $E^\ominus(Fe^{3+}/Fe^{2+})=0.771V$，$Fe(OH)_3$ 和 $Fe(OH)_2$ 的 $K_{sp}^\ominus$ 分别为 2.6×10^{-39}、4.9×10^{-17}。向 Fe^{3+}、Fe^{2+} 混合溶液中加入 NaOH，当沉淀反应达到平衡时，保持$[OH^-]=0.10mol\cdot L^{-1}$，计算 $E^\ominus[Fe(OH)_3/Fe(OH)_2]$以及 $E[Fe(OH)_3/Fe(OH)_2]$的值。

解 $Fe^{3+}+e^-\longrightarrow Fe^{2+}$；$Fe(OH)_3+e^-=\!=\!=Fe(OH)_2+OH^-$

$$E^\ominus[Fe(OH)_3/Fe(OH)_2]=E(Fe^{3+}/Fe^{2+})=E^\ominus(Fe^{3+}/Fe^{2+})+0.0592V\lg\frac{[Fe^{3+}]}{[Fe^{2+}]}$$

$$=0.771V+0.0592V\lg\frac{2.6\times10^{-39}}{4.9\times10^{-17}}=-0.55V$$

$$E[Fe(OH)_3/Fe(OH)_2]=E^\ominus[Fe(OH)_3/Fe(OH)_2]+0.0592V\lg\frac{1}{[OH^-]}$$

$$=-0.55V+0.0592V\lg\frac{1}{0.1}=-0.49V$$

习题

一、选择题

1. 对 Cu-Zn 原电池的下列叙述不正确的是（　　）。

A. 盐桥中的电解质可保持两个半电池中的电荷平衡

B. 盐桥用于维持氧化还原反应的进行

C. 盐桥中的电解质不能参与电池反应

D. 电子通过盐桥流动

2. 通常配制 $FeSO_4$ 溶液时加入少量铁钉，其原因与下列（　　）反应无关。

A. $O_2(g)+4H^+(aq)+4e^-\longrightarrow 2H_2O(l)$

B. $Fe^{3+}(aq)+e^-\longrightarrow Fe^{2+}(aq)$

C. $Fe(s)+2Fe^{3+}(aq)\rightleftharpoons 3Fe^{2+}(aq)$

D. $Fe^{3+}(aq)+3e^-\longrightarrow Fe(s)$

3. $2HgCl_2(aq)+SnCl_2(aq)\rightleftharpoons SnCl_4(aq)+Hg_2Cl_2(s)$的 $E^\ominus$ 为 0.476V，$E^\ominus(Sn^{4+}/Sn^{2+})=0.154V$，则 $E^\ominus(HgCl_2/Hg_2Cl_2)=$（　　）。

A. 0.322V　　B. 0.784V　　C. 0.798V　　D. 0.630V

4. 已知 $E^\ominus(Pb^{2+}/Pb)=-0.126V$，$K_{sp}^\ominus(PbCl_2)=1.6\times10^{-5}$，则 $E^\ominus(PbCl_2/Pb)=$（　　）。

A. 0.268V　　B. −0.41V　　C. −0.268V　　D. −0.016V

5. 已知 $E^\ominus(Cu^{2+}/Cu^{+})=0.159V$，$E^\ominus(Cu^{2+}/CuI)=0.869V$，则 $K_{sp}^\ominus(CuI)=$（　　）。

A. 1.0×10^{-6}　　B. 4.32×10^{-18}

C. 9.2×10^{-26}　　D. 1.0×10^{-12}

6. 已知 $2Fe^{2+}(aq)+Cl_2(g) \rightleftharpoons 2Fe^{3+}(aq)+2Cl^-(aq)$ 的 $E=0.60V$，Cl_2、Cl^- 均处于标准状态，$E^\ominus(Cl_2/Cl^-)=1.36V$，$E^\ominus(Fe^{3+}/Fe^{2+})=0.77V$，则 $c(Fe^{2+}/Fe^{3+})=$（　　）$mol\cdot L^{-1}$。

A. 0.52　　B. 1.90　　C. 0.65　　D. 1.53

7. 将氢电极（$p_{H_2}=100kPa$）插入纯水中与标准氢电极组成原电池，则 E 为（　　）。

A. 0.413V　　B. −0.413V　　C. 0V　　D. 0.828V

8. 由反应 $Fe(s)+2Ag^+(aq) \rightleftharpoons Fe^{2+}(aq)+2Ag(s)$ 组成的原电池，若将 Ag^+ 浓度减小到原来浓度的 1/10，则电池电动势的变化为（　　）。

A. 0.0592V　　B. −0.0592V　　C. −118V　　D. 0.118V

9. 已知 $E^\ominus(MnO_4^-/Mn^{2+})=1.51V$，$E^\ominus(Cl_2/Cl^-)=1.36V$，则反应：

$$2MnO_4^-(aq)+10Cl^-(aq)+16H^+(aq) \rightleftharpoons 2Mn^{2+}(aq)+5Cl_2(g)+8H_2O(l)$$

的 $E^\ominus$、$K^\ominus$ 是（　　）。

A. 0.15V，5.5×10^{30}　　B. 0.21V，6.8×10^{12}

C. 0.15V，2.2×10^{25}　　D. 0.21V，6.6×10^{17}

10. 条件电极电势是（　　）。

A. 标准电极电势

B. 任意温度下的电极电势

C. 任意浓度下的电极电势

D. 电对的氧化型和还原型的浓度都等于 $1mol\cdot L^{-1}$ 时的电极电势

E. 在特定条件下，氧化型和还原型总浓度均为 $1mol\cdot L^{-1}$ 时，校正了各种外界因素后的实际电极电势

11. 对于反应 $BrO_3^-+6I^-+6H^+ \rightleftharpoons Br^-+3I_2+3H_2O$，已知 $E^\ominus(BrO_3^-/Br^-)=1.44V$，$E^\ominus(I_2/I^-)=0.55V$，则此反应平衡常数 $K^\ominus$ 的对数（$\lg K^\ominus$）为（　　）。

A. $\frac{2\times6\times(0.55-1.44)}{0.0592}$　　B. $\frac{6\times(0.55-1.44)}{0.0592}$

C. $\frac{2\times6\times(1.44-0.55)}{0.0592}$　　D. $\frac{6\times(1.44-0.55)}{0.0592}$

E. $\frac{6\times(1.44-0.55)}{2\times0.0592}$

12. 已知在 $1mol\cdot L^{-1}\ H_2SO_4$ 溶液中，$E^\ominus(MnO_4^-/Mn^{2+})=1.45V$，$E^\ominus(Fe^{3+}/Fe^{2+})=0.68V$，在此条件下用 $KMnO_4^-$ 标准溶液滴定 Fe^{2+}，化学计量点时的电动势为（　　）。

A. 0.38V　　B. 0.73V　　C. 0.89V

D. 1.32V　　E. 1.49V

13. 据电极电势数据，指出下列说法正确的是（　　）。

①$E^\ominus(Fe^{3+}/Fe^{2+})=0.771V$；②$E^\ominus(F_2/F^-)=2.87V$；③$E^\ominus(Cl_2/Cl^-)=1.36V$；④$E^\ominus(Br_2/Br^-)=1.07V$；⑤$E^\ominus(I_2/I^-)=0.54V$

A. 只有 I^- 能被 Fe^{3+} 氧化　　B. 只有 Br^- 和 I^- 能被 Fe^{3+} 氧化
C. 除 F^- 外，都能被 Fe^{3+} 氧化　　D. 全部卤素离子都能被 Fe^{3+} 氧化
E. 在卤素中除 I_2 之外，都能被 Fe^{2+} 还原

14. 间接碘量法（滴定碘法）中加入淀粉指示剂的适宜时间是（　　）。
A. 滴定开始时　　B. 滴定至近终点时
C. 在滴定 I_3^- 的红棕色褪尽，溶液呈无色时
D. 在标准溶液滴定了近 50%时
E. 在标准溶液滴定了 50%后

15. 在酸性介质中，用 $KMnO_4$ 溶液滴定草酸盐，滴定应（　　）。
A. 像酸碱滴定那样快速进行　　B. 在开始时缓慢进行，之后逐渐加快
C. 始终缓慢地进行　　D. 开始时快，然后缓慢
E. 在近化学计量点时加快进行

16. pH 玻璃电极膜电位的产生是由于（　　）。
A. H^+ 透过玻璃膜　　B. 电子的得失
C. H^+ 得到电子　　D. Na^+ 得到电子
E. 溶液中 H^+ 和玻璃膜水合层中的 H^+ 的交换作用

17. 在实际测定溶液 pH 时，都用标准缓冲溶液来校正电极，其目的是消除（　　）的影响。
A. 不对称电位　　B. 液接电位
C. 温度　　D. 不对称电位和液接电位
E. 液接电位与温度

18. 从强碱滴定强酸的电势滴定曲线中不能得到下列哪个数据？（　　）
A. 达到化学计量点所需碱的体积
B. 酸的 pK_a　　C. 碱的 pK_b
D. 弱酸的水解常数　　E. 酸碱系统的最好缓冲范围

19. 在浓差电池中，下列叙述正确的是（　　）。
A. $E^{\ominus} \neq 0$，$E=0$　　B. $E^{\ominus}=0$，$E \neq 0$
C. $E^{\ominus}=0$，$E=0$　　D. $E^{\ominus} \neq 0$，$E \neq 0$

20. 在下列氧化剂中，若使酸度增大，其氧化性不变的是（　　）。
A. Cl_2　　B. $KMnO_4$　　C. O_2　　D. $K_2Cr_2O_7$

21. 某原电池由两个氢电极组成，其中一个是标准氢电极，为了获得最大电动势，另一个电极（氢气分压为 100kPa）浸入的溶液应为（　　）。
A. $0.1mol \cdot L^{-1}$ HCl　　B. 纯水
C. $0.1mol \cdot L^{-1}$ HAc　　D. $0.1mol \cdot L^{-1}$ HAc-$0.1mol \cdot L^{-1}$ NaAc

22. 已知 $E^{\ominus}(Fe^{3+}/Fe^{2+})=0.771V$，$E^{\ominus}(Fe^{2+}/Fe)=-0.447V$，$E^{\ominus}(Cu^{2+}/Cu)=0.342V$，则下列能共存的是（　　）。
A. Cu，Fe^{2+}　　B. Cu^{2+}，Fe　　C. Cu，Fe^{3+}　　D. Fe^{3+}，Fe

23. 在 $1mol \cdot L^{-1}$ 盐酸溶液中，以 Ce^{4+} 滴定 Fe^{2+}，已知 $E^{\ominus\prime}(Fe^{3+}/Fe^{2+})=0.700V$，$E^{\ominus\prime}(Ce^{4+}/Ce^{3+})=1.28V$，则下列哪种指示剂造成的滴定误差最小？（　　）
A. 二苯胺 $E_{In}^{\ominus\prime}=0.76V$　　B. 二苯胺磺酸钠 $E_{In}^{\ominus\prime}=0.84V$

C. 硝基邻二氮菲亚铁 $E_{In}^{\ominus}{}'=1.25V$　　D. 邻二氮菲亚铁 $E_{In}^{\ominus}{}'=1.06V$

24. 已知 $E^{\ominus}(Pb^{2+}/Pb)=-0.1262V$，$PbSO_4$ 溶度积常数 $K_{sp}^{\ominus}=1.96\times10^{-8}$，则电对 $PbSO_4/Pb$ 的标准电极电势较合理的是（　　）。

A. $-0.22V$　　B. $0.35V$　　C. $-0.13V$　　D. $-0.35V$

25. 已知 MnO_4^-/Mn^{2+} 及 Fe^{3+}/Fe^{2+} 电对的标准电极电势分别为 1.507V 和 0.771V，将这两个电对组成原电池，下列表述错误的是（　　）。

A. 原电池的标准电动势为 0.736V

B. 因标准电动势大于零，故标准态下，反应 $MnO_4^- + 5Fe^{2+} + 8H^+ \longrightarrow Mn^{2+} + 5Fe^{3+} + 4H_2O$ 正向自发进行

C. 当氢离子浓度为 $0.010mol\cdot L^{-1}$，其余离子浓度均为 $1.0mol\cdot L^{-1}$ 时，$E(MnO_4^-/Mn^{2+})=1.41V$

D. 当氢离子浓度为 $0.010mol\cdot L^{-1}$，其他离子均为标准态时，电动势 $E=1.318-0.771=0.547(V)>0$，反应正向自发进行

二、填空题

1. 在原电池中流出电子的电极为________，接受电子的电极为________；在正极发生的是________反应，负极发生的是________反应；原电池可将________能转化为________能。

2. 在原电池中，E 值大的电对为________极，E 值小的电对为________极。$E^{\ominus}$ 值越大，电对的氧化型________越强；$E^{\ominus}$ 值越小，电对的还原型________越强。

3. 反应 $2Fe^{3+}(aq)+Cu(s)\rightleftharpoons 2Fe^{2+}(aq)+Cu^{2+}(aq)$ 与 $Fe(s)+Cu^{2+}(aq)\rightleftharpoons Fe^{2+}(aq)+Cu(s)$ 均正向进行，其中最强的氧化剂为________，最强的还原剂为________。

4. 已知反应

$$①Cl_2(g)+2Br^-(aq)\rightleftharpoons Br_2(l)+2Cl^-(aq)$$

$$②\frac{1}{2}Cl_2(g)+Br^-(aq)\rightleftharpoons \frac{1}{2}Br_2(l)+Cl^-(aq)$$

则 n_1/n_2 = ________；E_1/E_2 = ________；$\Delta_r G_{m1}/\Delta_r G_{m2}$ = ________；$\lg K_1^{\ominus}/\lg K_2^{\ominus}$ = ________。

5. 反应 $2MnO_4^-(aq)+10Br^-(aq)+16H^+\rightleftharpoons 2Mn^{2+}+5Br_2(l)+8H_2O(l)$ 的电池符号为________________________。

6. 已知氯元素在碱性溶液中的电势图为：

$$ClO_4^- \xrightarrow{0.36V} ClO_3^- \xrightarrow{0.495V} ClO^- \xrightarrow{0.40V} Cl_2 \xrightarrow{1.36V} Cl^-$$

则 $E^{\ominus}(ClO_4^-/ClO^-)$ = ________。298K 时将 $Cl_2(g)$ 通入到稀 NaOH 溶液中，能稳定存在的离子是________。

7. $E^{\ominus}(Fe^{2+}/Fe)=-0.409V$；$E^{\ominus}(Sn^{4+}/Sn^{2+})=0.15V$；$E^{\ominus}(Sn^{2+}/Sn)=-0.136V$；$E^{\ominus}(Cu^{2+}/Cu^+)=0.158V$；$E^{\ominus}(Cu^+/Cu)=0.522V$。在酸性溶液中，用金属铁还原 Sn^{4+} 时，生成________；而还原 Cu^{2+} 时，则生成________。

8. 在下列原电池中，若使 Cu^{2+} 浓度降低，则 E 将________，$E^{\ominus}$ 将________，电池反应的 $\Delta_r G_m^{\ominus}$ 将________。

$$Cu \mid Cu^{2+} \parallel Ag^{+} \mid Ag$$

9. 氧化还原滴定化学计量点附近的电势突跃的长短与________和________两电对的________有关，它们相差愈________，则电势突跃愈________。

10. 一般氧化还原指示剂的变色范围的表示式为______________。在选用氧化还原指示剂时，应尽量使指示剂的________与滴定反应的________时的电势相一致以减小终点误差。

11. 在氧化还原反应中，电极电势的产生是由于________；而膜电位的产生是________的结果。

12. 在 H_2SO_4、$Na_2S_2O_3$、$Na_2S_4O_6$ 中 S 的氧化值分别为________。

13. KI 溶液在空气中放置久了能使淀粉试纸变蓝，其原因涉及电极反应________，与电极反应________。

14. 已知 $E^{\ominus}(Cl_2/Cl^-)=1.358V$，$E^{\ominus}(Br_2/Br^-)=1.087V$，$E^{\ominus}(MnO_4^-/Mn^{2+})=1.507V$，$E^{\ominus}(I_2/I^-)=0.5355V$，当$[MnO_4^-]=0.010mol\cdot L^{-1}$，$[Mn^{2+}]=1.0mol\cdot L^{-1}$，pH=2.0 时，$E(MnO_4^-/Mn^{2+})=$________ V(保留三位有效数字)。在此条件下，最先被 MnO_4^- 氧化的卤素离子是________，不能被 MnO_4^- 氧化的卤素离子是________。

15. 已知 $E^{\ominus}(Cu^{2+}/Cu^{+})=0.16V$，$E^{\ominus}(I_2/I^-)=0.536V$，$K_{sp}^{\ominus}(CuI)=1.1\times10^{-12}$，$E^{\ominus}(Cu^{2+}/CuI)=$________ V（小数点后保留两位有效数字）。标准态下反应 $2Cu^{2+}(aq)+4I^-(aq)\rightleftharpoons 2CuI(s)+I_2(s)$自发向________进行（填“右”或“左”）。

三、计算题

1. 已知某原电池的正极是氢电极，$p_{H_2}=100kPa$，负极的电极电势是恒定的。当氢电极中 pH=4.008 时，该电池的电动势是 0.412V。如果氢电极中所用的溶液改为一未知 $c(H^+)$ 的缓冲溶液，又重新测得原电池的电动势为 0.427V。计算该缓冲溶液的 H^+ 浓度和 pH。如该缓冲溶液中 $c(HA)=c(A^-)=1.0mol\cdot L^{-1}$，求该弱酸 HA 的解离常数。

2. 已知铅元素在酸性溶液中的电势图：$PbO_2 \xrightarrow{1.455V} Pb^{2+} \xrightarrow{-0.126V} Pb$。求反应 $PbO_2(s)+Pb(s)+2SO_4^{2-}(1.0mol\cdot L^{-1})+4H^+(0.1mol\cdot L^{-1})\rightleftharpoons 2PbSO_4(s)+2H_2O(l)$ 的电动势 E 和标准平衡常数 $K^{\ominus}$ 分别是多少？已知 $K_{sp}^{\ominus}(PbSO_4)=1.6\times10^{-8}$。

3. 金属汞中常含有锌杂质，可以用饱和 Hg_2SO_4 溶液与汞振摇将锌除去，反应如下：$Zn(s)+Hg_2^{2+}(aq)\rightleftharpoons Zn^{2+}(aq)+2Hg(l)$。若用 1.0L 饱和 Hg_2SO_4 溶液洗涤 100.00g 金属汞，求：①反应的标准平衡常数；②所除去锌的质量；③金属汞增加的质量分数。已知 $K_{sp}^{\ominus}(Hg_2SO_4)=7.4\times10^{-7}$，$E^{\ominus}(Hg_2^{2+}/Hg)=0.793V$，$E^{\ominus}(Zn^{2+}/Zn)=-0.763V$。

4. 将 CuCl（s）加入一氨水溶液中后生成了深蓝色的配合物$[Cu(NH_3)_4]^{2+}$。已知 $E^{\ominus}(O_2/OH^-)=0.401V$，$E^{\ominus}(Cu^{2+}/Cu^{+})=0.159V$，$K_{sp}^{\ominus}(CuCl)=1.2\times10^{-6}$，$K_{稳}^{\ominus}\{[Cu(NH_3)_4]^{2+}\}=2.1\times10^{13}$。①写出反应方程式；②求该反应 25℃时的标准平衡常数 $K^{\ominus}$。

5. 已知电极反应 $H_3AsO_4+2H^++2e^-\longrightarrow H_3AsO_3+H_2O$ 的 $K^{\ominus}=0.581V$，$E^{\ominus}(I_2/I^-)=0.535V$。

（1）求反应 $H_3AsO_3+I_2+H_2O \rightleftharpoons H_3AsO_4+2I^-+2H^+$ 在25℃时的标准平衡常数；

（2）如果溶液的 pH=7.00，反应向何方进行（其他物质浓度为标准态）？

（3）如果溶液的 $c(H^+)=6.0mol \cdot L^{-1}$，反应向何方进行（其他物质浓度为标准态）？

6. 已知 $E^\ominus(O_2/OH^-)=0.401V$，$E^\ominus(S/S^{2-})=-0.48V$，$K_{sp}^\ominus(Ag_2S)=6.3\times10^{-50}$，$K_{稳}^\ominus\{[Ag(CN)_2]^-\}=1.3\times10^{21}$。在空气存在下将 Ag_2S 溶解在 NaCN 溶液中，反应生成 $[Ag(CN)_2]^-$ 和单质硫。①写出相应反应的离子方程式；②计算25℃时该反应的标准平衡常数。

7. 已知 $E^\ominus(Au^{3+}/Au)=1.50V$，$E^\ominus(Au^+/Au)=1.68V$，$E^\ominus(AuCl_4^-/AuCl_2^-)=0.93V$，$E^\ominus(AuCl_2^-/Au)=1.61V$。

（1）通过计算说明 Au^+ 在溶液中是否歧化？

（2）计算 $K_{稳}^\ominus(AuCl_2^-)$ 和 $K_{稳}^\ominus(AuCl_4^-)$。

（3）计算25℃时 $AuCl_2^-$ 歧化反应的标准平衡常数。

8. 将氢电极插入含有 $0.50mol \cdot L^{-1}$ HA 和 $0.10mol \cdot L^{-1}$ A^- 的缓冲溶液中，作为原电池的负极；将银电极插入含有 AgCl 沉淀和 $1.0mol \cdot L^{-1}$ Cl^- 的 $AgNO_3$ 溶液中。已知 $p_{H_2}=100kPa$ 时测得原电池的电动势为0.450V，$E^\ominus(Ag^+/Ag)=0.799V$，$K_{sp}^\ominus(AgCl)=1.8\times10^{-10}$。①计算正、负极的电极电势；②计算负极溶液中 $c(H^+)$ 和 HA 的解离常数。

9. 已知 $E^\ominus(Ni^{2+}/Ni)=-0.246V$，$E^\ominus(Fe^{2+}/Fe)=-0.44V$。计算298K时反应 $Ni^{2+}(0.10mol \cdot L^{-1})+Fe(s) \rightleftharpoons Fe^{2+}(0.010mol \cdot L^{-1})+Ni(s)$ 的 E 和100℃时该反应的 E。

10. 已知酸性溶液中 $E^\ominus(MnO_4^-/MnO_2)=1.695V$，$E^\ominus(MnO_4^-/MnO_4^{2-})=0.564V$，计算 $E^\ominus(MnO_4^{2-}/MnO_2)$ 的值。画出锰在酸性溶液中 $MnO_4^- \rightarrow MnO_2$ 的元素电势图，计算298K时 MnO_4^{2-} 歧化反应的标准平衡常数。

四、简答题

1. 已知 $E^\ominus(Cl_2/Cl^-)=1.36V$，$E^\ominus(Br_2/Br^-)=1.087V$，$E^\ominus(MnO_4^-/Mn^{2+})=1.507V$，$E^\ominus(I_2/I^-)=0.536V$，通过计算说明当 pH=2.0，其余均为标准态时，MnO_4^- 能氧化哪些卤素离子？先后顺序如何？简要说明原因。

2. 在 $1mol \cdot L^{-1}$ 盐酸溶液中，以 Ce^{4+} 滴定 Fe^{2+}，已知 $E^{\ominus\prime}(Fe^{3+}/Fe^{2+})=0.700V$，$E^{\ominus\prime}(Ce^{4+}/Ce^{3+})=1.28V$，请简述选择以下哪种指示剂造成的滴定误差最小。已知二苯胺 $E_{In}^{\ominus\prime}=0.76V$，二苯胺磺酸钠 $E_{In}^{\ominus\prime}=0.84V$，硝基邻二氮菲亚铁 $E_{In}^{\ominus\prime}=1.25V$，邻二氮菲亚铁 $E_{In}^{\ominus\prime}=1.06V$。

3. 请解释说明“只要比较氧化还原电对的标准电极电势的大小，即可说明任意状态下氧化还原能力的相对大小”这句话是否正确。

4. 高锰酸钾法的优点是氧化能力强、应用广泛，请阐述高锰酸钾是否可直接配制成标准溶液。

5. 请简述标准电极电势较大的电对是否一定作原电池的正极。

6. 请解释说明“改变氧化还原体系的酸度或组分的浓度均可改变氧化还原反应的方向”

这句话是否正确。

7. 间接碘量法中加入淀粉指示剂的适宜时间是哪个时间段？

8. 某一氧化还原反应，若标准电动势 $E^{\ominus}>0$，请说明判断 $\Delta G^{\ominus}$、$K^{\ominus}$、ΔG 的范围。

9. 已知 $E^{\ominus}(Fe^{3+}/Fe^{2+})=0.771V$，$E^{\ominus}(F_2/F^-)=2.87V$，$E^{\ominus}(Cl_2/Cl^-)=1.36V$，$E^{\ominus}(Br_2/Br^-)=1.07V$，$E^{\ominus}(I_2/I^-)=0.54V$，判断各物质的氧化性顺序。

习题答案

一、选择题

1. D	2. D	3. D	4. C	5. D
6. D	7. A	8. B	9. C	10. E
11. D	12. D	13. AE	14. B	15. B
16. E	17. D	18. C	19. B	20. A
21. B	22. A	23. D	24. D	25. C

二、填空题

1. 负极；正极；还原；氧化；化学；电
2. 正；负；氧化能力；还原能力
3. Fe^{3+}；Fe
4. 2；1；2；2
5. (−)Pt | Br^-(aq) | Br_2(l) ‖ MnO_4^-(aq), Mn^{2+}(aq), H^+(aq) | Pt(+)
6. 0.45V；Cl^-、ClO^-
7. Sn^{2+}；Cu
8. 增大；不变；不变
9. 氧化剂；还原剂；条件电极电势；大；大
10. $(E_{In}^{\ominus}\pm\frac{0.0592}{n})$V 或 $(E_{In}^{\ominus\prime}\pm\frac{0.0592}{n})$V；条件电极电势；化学计量点
11. 电子的得失；溶液的膜界面发生交换
12. +6；+2；+2.5
13. $2I^- \longrightarrow I_2 + 2e^-$；$O_2 + 4H^+ + 4e^- \longrightarrow 2H_2O$
14. 1.29；I^-或碘离子；Cl^-或氯离子
15. 0.87；右

三、计算题

1. $[H^+]=1.8\times10^{-4}$ mol·L^{-1}；pH=3.75；$K^{\ominus}(HA)=1.8\times10^{-4}$
2. $E=1.925$V；$K^{\ominus}=1.0\times10^{69}$
3. $K^{\ominus}=3.7\times10^{52}$；0.056g；0.34%
4. $4CuCl+16NH_3+O_2+2H_2O \rightleftharpoons 4[Cu(NH_3)_4]^{2+}+4Cl^-+4OH^-$；$K^{\ominus}=8.8\times10^{45}$
5. $K^{\ominus}=0.028$；正向；逆向
6. $2Ag_2S+O_2+2H_2O+8CN^- \rightleftharpoons 2S+4[Ag(CN)_2]^-+4OH^-$；$K^{\ominus}=3.8\times10^{45}$

7. (1) Au^{+} 歧化；(2) $K^{\ominus}_{稳}(AuCl_2^-)=15$，$K^{\ominus}_{稳}(AuCl_4^-)=2.5\times10^{17}$；(3) $K^{\ominus}=9.4\times10^{22}$

8. ① $E_{正}=0.222V$，$E_{负}=-0.228V$；② $c(H^+)=1.4\times10^{-4}$，$K^{\ominus}_{HA}=2.8\times10^{-5}$

9. $E(298K)=0.22V$；$E(373K)=0.23V$

10. $E^{\ominus}(MnO_4^{2-}/MnO_2)=\dfrac{1}{2}\times(3\times1.695-0.564)=2.26(V)$

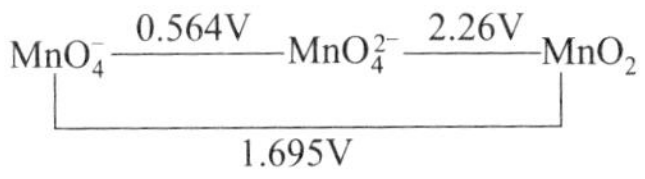

$$\lg K^{\ominus}=\frac{nE^{\ominus}}{0.0592}=\frac{2\times(2.26-0.564)}{0.0592}=57.3,K^{\ominus}=2.0\times10^{57}$$

四、简答题

1. 电极反应式 $MnO_4^- + 8H^+ + 5e^- \longrightarrow Mn^{2+} + 4H_2O$

$$E(MnO_4^-/Mn^{2+})=E^{\ominus}(MnO_4^-/Mn^{2+})+\frac{0.0592V}{5}\lg\frac{[MnO_4^-][H^+]^8}{[Mn^{2+}]}$$

$$=1.507V+\frac{0.0592V}{5}\lg(0.01)^8=1.32V$$

MnO_4^- 可以氧化 Br^-、I^-。因电势差大的电对先反应，故先氧化 I^-，后氧化 Br^-。

2. 根据氧化还原滴定的化学计量点时电势的计算，有

$$E_{sp}=\frac{E^{\ominus}(Fe^{3+}/Fe^{2+})+E^{\ominus}(Ce^{4+}/Ce^{3+})}{2}=\frac{0.700+1.28}{2}=0.99(V)$$

则指示剂的变色电势值最接近化学计量点时的电势值，误差最小。所以，选择邻二氮菲亚铁。

3. 错误。比较氧化还原电对的标准电极电势的大小，只可说明标准状态下氧化还原能力的相对大小，因为氧化态、还原态的浓度、压力会影响电极电势的数值大小。所以比较任意状态下的氧化还原能力大小，必须根据能斯特方程计算实际的电极电势数值，然后进行比较。

4. 否。高锰酸钾是非基准物，而且其电势值比较高，氧化能力比较强，所以不可直接配制成标准溶液。

5. 不一定。原电池使用中，电极不一定都处于标准态，应根据实际条件，由能斯特方程计算实际电极电势数值。确定原电池正负极的准确方法是：电极电势代数值高的为正极。所以，应该是实际电极电势值而不是标准电极电势数值。

6. 错误。对于与酸度无关的电极反应，改变酸度不影响电极电势的大小，所以也就不会改变氧化还原反应的方向。

7. 滴定近终点时。淀粉加入过早，可能与大量的碘形成聚合。这部分碘就不容易与硫代硫酸钠反应，影响滴定结果。

8. $\Delta G^{\ominus}<0$；$K^{\ominus}>1$；ΔG 的正负应根据具体情况判断。由于 $E^{\ominus}>0$，所以，根据公式 $\Delta_r G_m^{\ominus}=-nFE_{电动势}^{\ominus}$ 和 $\lg K^{\ominus}=\frac{nE_{电动势}^{\ominus}}{0.0592V}$ 可知，一定是 $\Delta G^{\ominus}<0, K^{\ominus}>1$，而非标准态的 ΔG 的正负是无法确定的，需要根据化学反应等温式进行计算才能确定。由 $\Delta_r G_m=\Delta_r G_m^{\ominus}+RT\ln Q$ 可知，反应商 Q 值的大小，可能直接影响到 ΔG 的正负。

9. 氧化性由强到弱的顺序：$F_2>Cl_2>Br_2>Fe^{3+}>I_2$。

第 7 章

配位化合物与配位平衡

学习要求

① 了解配合物的基本概念、组成和分类，掌握配合物的命名规则和具体实例。

② 掌握影响配位平衡的主要因素和相关计算。

③ 了解 EDTA 螯合物的稳定性及其外部影响因素；掌握 EDTA 配位反应的副反应系数和条件稳定常数的计算。

④ 了解配位滴定曲线及滴定突跃；掌握准确滴定单一金属离子的条件及酸度的控制。

⑤ 掌握利用控制酸度进行分步滴定的条件，了解常见掩蔽和解蔽的方法以及配位滴定的方式和实例。

学习要点

1. 配合物的命名规则

当配体不止一种时，遵循先阴离子配体，后中性分子配体；先无机配体，后有机配体；先简单，后复杂。

2. 配位平衡的主要影响因素

配位平衡受酸碱反应、沉淀反应、氧化还原反应和配位反应的影响，需掌握有关计算。

3. EDTA 的酸效应和金属离子的副反应计算公式

当有副反应发生时，条件稳定常数 $K_{MY}^{\ominus\prime}$ 可以更真实地反映配合物 MY 的实际稳定程度。其计算公式为：$\lg K_{MY}^{\ominus\prime}=\lg K_{MY}^{\ominus}-\lg\alpha_{Y(H)}-\lg\alpha_{M}$。

4. 准确滴定单一金属离子的条件

$\lg(c_M K_{MY}^{\ominus\prime})\geqslant 6$。当不考虑金属离子的副反应时，根据 $\lg\alpha_{Y(H)}\leqslant\lg K_{MY}^{\ominus}+\lg c-6$，可以求出 $\lg\alpha_{Y(H)}$ 的值。通过查教材中表 E5.2，可求出准确滴定该种金属离子的最低 pH，即最高酸度。

5. 利用酸度进行分步滴定的条件

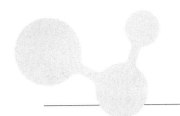

溶液中含有多种金属离子都能和 EDTA 形成稳定的配合物，其他离子可能对待测离子

的滴定有干扰。利用控制酸度进行分步滴定的条件为：$\lg(c_{\mathrm{M}}K_{\mathrm{MY}}^{\ominus\prime})-\lg(c_{\mathrm{N}}K_{\mathrm{NY}}^{\ominus\prime})\geqslant 5$。若金属离子无副反应，则条件为：$\Delta\lg(cK_{稳}^{\ominus})\geqslant 5$。只有同时满足分步滴定和准确滴定的条件，才可以利用控制酸度的方法分别滴定金属离子 M 和 N。

典型例题

例 1（书后习题 E5.4） 将 40mL 0.10mol·L^{-1} $AgNO_3$ 溶液和 20mL 6.0mol·L^{-1} 氨水混合并稀释至 100mL。试计算：

（1）平衡时溶液中 Ag^+、$[Ag(NH_3)_2]^+$ 和 NH_3 的浓度。

（2）在混合稀释后的溶液中加入 0.010mol KCl 固体（忽略体积变化），是否有 AgCl 沉淀产生？

（3）若要阻止 AgCl 沉淀生成，则应改取 12.0mol·L^{-1} 氨水多少毫升？

已知$[Ag(NH_3)_2]^+$的 $K_{稳}^{\ominus}=1.12\times10^{7}$，$K_{sp}^{\ominus}(AgCl)=1.77\times10^{-10}$。

解 （1）混合后原始浓度分别为：

$$c_{Ag^+}=0.10\times\frac{40}{100}=0.040(\mathrm{mol\cdot L^{-1}})$$

$$c_{NH_3}=6.0\times\frac{20}{100}=1.2(\mathrm{mol\cdot L^{-1}})$$

因为配体过量，使 Ag^+ 几乎全部转化为$[Ag(NH_3)_2]^+$，过量的配体又抑制了配离子的解离，因此由$[Ag(NH_3)_2]^+$解离得到的 Ag^+ 浓度相对较小。

$$Ag^+ + 2NH_3 \rightleftharpoons [Ag(NH_3)_2]^+$$

平衡浓度/(mol·L^{-1})　　x　　$1.12+2x$　　$0.040-x$

$$\frac{0.040-x}{x(1.12+2x)^2}=1.12\times10^{7}$$

$$x=[Ag^+]=2.8\times10^{-9}\,\mathrm{mol\cdot L^{-1}}$$

即

$$[[Ag(NH_3)_2]^+]\approx0.040\,\mathrm{mol\cdot L^{-1}}$$

$$[NH_3]\approx1.12\,\mathrm{mol\cdot L^{-1}}$$

（2）若加入 0.010mol KCl 固体于溶液中，则$[Cl^-]=0.10\mathrm{mol\cdot L^{-1}}$，那么 $Q=[Ag^+][Cl^-]=2.8\times10^{-10}>1.77\times10^{-10}$，故有 AgCl 沉淀生成。

（3）若要阻止 AgCl 沉淀生成，则

$$c_{Ag^+}=\frac{K_{sp}^{\ominus}(AgCl)}{c_{Cl^-}}=\frac{1.77\times10^{-10}}{0.10}=1.77\times10^{-9}(\mathrm{mol\cdot L^{-1}})$$

$$K_{稳}^{\ominus}=\frac{0.040}{1.77\times10^{-9}x^2}=1.12\times10^{7}\text{，得 }x=1.42(\mathrm{mol\cdot L^{-1}})$$

最初 1L 氨的总浓度应为：$1.42+2\times0.040=1.50(\mathrm{mol\cdot L^{-1}})$。设需 12.0mol·L^{-1} 的氨水 V mL，则

$$12.0V=1.50\times100$$

$$V=12.5(\mathrm{mL})$$

故要阻止AgCl沉淀生成，则应量取12.0mol·L^{-1}氨水12.5mL。

例2 计算$[Cu(NH_3)_4]^{2+}/Cu$电对的标准电极电势，可否用铜制的容器储存氨水？简要说明原因。已知$[Cu(NH_3)_4]^{2+}$的$\lg K^{\ominus}_{稳}=13.32$，$E^{\ominus}(Cu^{2+}/Cu)=0.3419V$。

解
$$E^{\ominus}\{[Cu(NH_3)_4]^{2+}/Cu\}=E^{\ominus}(Cu^{2+}/Cu)+\frac{0.0592V}{2}\lg\frac{1}{K^{\ominus}_{稳}\{[Cu(NH_3)_4]^{2+}\}}$$
$$=0.3419V+\frac{0.0592V}{2}\lg 10^{-13.32}=-0.0524V$$

不能用铜制的容器储存氨水，因为在氨水中Cu的还原能力增强，易被空气中的氧气所氧化，最终生成$[Cu(NH_3)_4]^{2+}$而使铜器被腐蚀。

例3 计算说明1g AgCl固体能否完全溶解在1L 0.10mol·L^{-1}氨水中？已知AgCl的分子量为143.3，$K^{\ominus}_{sp}(AgCl)=1.77\times10^{-10}$，$[Ag(NH_3)_2]^+$的$\beta_2=1.12\times10^7$。

解 设AgCl在1L 0.10mol·L^{-1}氨水中的溶解度为s mol·L^{-1}。

$$AgCl \quad + \quad 2NH_3 \rightleftharpoons [Ag(NH_3)_2]^+ + Cl^-$$

平衡浓度/(mol·L^{-1}) $\quad 0.10-2s \quad s \quad s$

$$K^{\ominus}=\frac{[[Ag(NH_3)_2]^+][Cl^-]}{[NH_3]^2}=K^{\ominus}_{稳}K^{\ominus}_{sp}$$
$$=1.12\times10^7\times1.77\times10^{-10}=1.98\times10^{-3}$$
$$\frac{s^2}{(0.10-2s)^2}=1.98\times10^{-3}$$
$$s=4.1\times10^{-3}(mol\cdot L^{-1})$$

1L 0.10mol·L^{-1}氨水溶解AgCl的质量为：$1\times4.1\times10^{-3}\times143.3=0.588(g)<1g$。

故1g AgCl不能完全溶解在1L 0.1mol·L^{-1}氨水中。

例4（书后习题E5.11部分题） 通过计算判断下列反应在标准状态下自发进行的方向。已知$[Ag(NH_3)_2]^+$的$K^{\ominus}_{稳}=1.12\times10^7$，$K^{\ominus}_{sp}(AgBr)=5.35\times10^{-13}$，$[Cu(NH_3)_4]^{2+}$的$\lg K^{\ominus}_{稳}=13.32$，$[Zn(NH_3)_4]^{2+}$的$\lg K^{\ominus}_{稳}=9.46$，$E^{\ominus}(Cu^{2+}/Cu)=0.3419V$，$E^{\ominus}(Zn^{2+}/Zn)=-0.7618V$。

（1）$AgBr+2NH_3 \rightleftharpoons [Ag(NH_3)_2]^+ + Br^-$

（2）$[Cu(NH_3)_4]^{2+}+Zn \rightleftharpoons [Zn(NH_3)_4]^{2+}+Cu$

解 （1）$AgBr+2NH_3 \rightleftharpoons [Ag(NH_3)_2]^+ + Br^-$

$$K^{\ominus}=K^{\ominus}_{稳}K^{\ominus}_{sp}=1.12\times10^7\times5.35\times10^{-13}=6.0\times10^{-6}$$

因为$\Delta G^{\ominus}=-RT\ln K^{\ominus}$，所以由正反应的标准平衡常数$K^{\ominus}<1$，可得$\Delta G^{\ominus}>0$，即标准状态下，正反应非自发进行。

（2）此题与上一题不同，应分别求各电对的标准电极电势，再计算反应的标准电动势。若标准电动势大于0，则正反应自发进行，否则逆反应自发进行。

根据能斯特方程推导，得：

$$E^{\ominus}\{[Cu(NH_3)_4]^{2+}/Cu\}=E^{\ominus}(Cu^{2+}/Cu)+\frac{0.0592V}{2}\lg\frac{1}{K^{\ominus}_{稳}\{[Cu(NH_3)_4]^{2+}\}}$$
$$=0.3419V+\frac{0.0592V}{2}\lg 10^{-13.32}=-0.0524V$$

$$E^{\ominus}\{[Zn(NH_3)_4]^{2+}/Zn\}=E^{\ominus}(Zn^{2+}/Zn)+\frac{0.0592V}{2}\lg\frac{1}{K^{\ominus}_{稳}\{[Zn(NH_3)_4]^{2+}\}}$$

$$=-0.7618V+\frac{0.0592V}{2}\lg10^{-9.46}=-1.04V$$

$E^{\ominus}=-0.0524-(-1.04)=0.988(V)>0$，标准状态下正反应自发进行。

例 5　已知 $\lg K^{\ominus}_{CaY}=11.00$，通过计算说明能否在 pH＝5.0 时用 EDTA 准确滴定 $0.010mol\cdot L^{-1}$ 的 Ca^{2+}？计算准确滴定 $0.010mol\cdot L^{-1}Ca^{2+}$ 的最低 pH。已知 pH 为 5.0 时，$\lg\alpha_{Y(H)}=6.45$。

pH	$\lg\alpha_{Y(H)}$
7.00	3.32
7.50	2.78
8.00	2.26
8.50	1.77
9.00	1.29

解　(1) 当 pH＝5.0 时，

$$\lg(cK^{\ominus\prime}_{CaY})=\lg c+\lg K^{\ominus}_{CaY}-\lg\alpha_{Y(H)}$$

$$=\lg 0.010+11.00-6.45$$

$$=2.55<6$$

故 pH＝5.0 时不能准确滴定。

(2) 若要准确滴定，需满足 $\lg(cK^{\ominus\prime}_{CaY})\geqslant 6$，得：

$$\lg\alpha_{Y(H)}\leqslant\lg K^{\ominus}_{CaY}+\lg c-6=11.00-2.00-6=3.00$$

查表得 pH≥7.3，故准确滴定 $0.010mol\cdot L^{-1}\ Ca^{2+}$ 的最低 pH 为 7.3。

例 6（书后习题 E5.6）　$Na_2S_2O_3$ 是银剂摄影术的定影液，其功能是溶解未经曝光分解的 AgBr。试计算 400mL $0.50mol\cdot L^{-1}\ Na_2S_2O_3$ 溶液可溶解多少克 AgBr？已知 AgBr 的 $K^{\ominus}_{sp}=5.35\times10^{-13}$，$[Ag(S_2O_3)_2]^{3-}$ 的 $\lg K^{\ominus}_{稳}=13.46$。

解　设 AgBr 在 $0.50mol\cdot L^{-1}Na_2S_2O_3$ 溶液中的溶解度为 $s\ mol\cdot L^{-1}$。

$$AgBr\ +\ 2S_2O_3^{2-}\rightleftharpoons[Ag(S_2O_3)_2]^{3-}+Br^-$$

平衡浓度/$(mol\cdot L^{-1})$　　$0.50-2s$　　s　　s

$$K^{\ominus}=\frac{[[Ag(S_2O_3)_2]^{3-}][Br^-]}{[S_2O_3^{3-}]^2}=K^{\ominus}_{稳}K^{\ominus}_{sp}$$

$$=10^{13.46}\times5.35\times10^{-13}=15.4$$

$$\frac{s^2}{(0.50-2s)^2}=15.4$$

解得

$$s=0.22(mol\cdot L^{-1})$$

400mL $0.50mol\cdot L^{-1}\ Na_2S_2O_3$ 溶液可溶解 AgBr 的质量为：

$$0.22\times0.40\times187.8=16.5(g)$$

故 400mL $0.50mol\cdot L^{-1}\ Na_2S_2O_3$ 溶液可溶解 16.5g AgBr。

习题

一、选择题

1. 下列说法错误的是（　　）。

A. 在滴定的 pH 范围内，游离指示剂的颜色及指示剂与金属离子配合物的颜色应显著

不同，使终点变色明显。同时 M-In 的稳定性应大于 M-EDTA 的稳定性，否则终点难以发生置换而使指示剂封闭

B. $K[CrCl_2(OH)_2en]$系统命名为二氯·二羟基·乙二胺合铬（Ⅲ）酸钾，中心离子配位体数和配位数分别为 5 和 6

C. $[Ag(NH_3)_2]^+$、$[Ag(S_2O_3)_2]^{3-}$、$[Ag(CN)_2]^-$ 的 $\lg\beta_2$ 分别为 7.05、13.46 和 21.1，则标准状态下，$[Ag(NH_3)_2]^+$、$[Ag(S_2O_3)_2]^{3-}$、$[Ag(CN)_2]^-$ 的氧化能力依次减弱

D. 在 Ca^{2+}、Mg^{2+} 混合液中测 Ca^{2+}，要消除 Mg^{2+} 干扰，应用沉淀掩蔽法

2. Cu^{2+}、Zn^{2+}、Pb^{2+}、Sn^{4+} 共存时测定 Sn^{4+}，应采取的滴定方式是（　　）。

A. 间接滴定法　　B. 返滴定法

C. 置换滴定法　　D. 直接滴定法

3. 已知 $E^{\ominus}(Fe^{3+}/Fe^{2+})=0.771V$，$[Fe(CN)_6]^{3-}$和$[Fe(CN)_6]^{4-}$的稳定常数 $K^{\ominus}_{稳}$ 分别为 1×10^{42} 和 1×10^{35}，则 $E^{\ominus}\{[Fe(CN)_6]^{3-}/[Fe(CN)_6]^{4-}\}$为（　　）V。

A. 0.3566　　B. 1.1854　　C. 0.5638　　D. 0.9782

4. 在 $0.10mol\cdot L^{-1}$ AlF_6^{3-} 溶液中，游离 F^- 的浓度为 $0.010mol\cdot L^{-1}$。溶液中最主要的配合物存在形式为（　　）。已知 $\beta_1\sim\beta_6$ 依次为 $10^{6.10}$、$10^{11.15}$、$10^{15.00}$、$10^{17.75}$、$10^{19.37}$、$10^{19.84}$。

A. AlF_3　　B. AlF_4^-　　C. AlF_5^{2-}　　D. AlF_6^{3-}

5. 下列关于 Al^{3+} 不能用 EDTA 直接滴定的原因，错误的是（　　）。

A. Al^{3+} 与 EDTA 反应速度慢

B. Al^{3+} 封闭二甲酚橙指示剂

C. Al^{3+} 与二甲酚橙形成的配合物不稳定

D. Al^{3+} 易与 OH^- 生成一系列羟基配合物

6. 已知 $\lg K^{\ominus}_{FeY}=24.20$，试计算 EDTA 滴定 $0.010mol\cdot L^{-1}Fe^{3+}$ 所允许的最高酸度。若有 $0.010mol\cdot L^{-1}Al^{3+}$ 存在（$\lg K^{\ominus}_{AlY}=16.11$），是否干扰 Fe^{3+} 测定？下列步骤错误的是（　　）。

pH	$\lg\alpha_{Y(H)}$
0.80	19.08
1.00	18.01
1.30	16.20
1.40	16.02
1.80	14.27

A. 准确滴定 Fe^{3+} 的条件为 $\lg(cK^{\ominus}_{FeY}{'})\geqslant6$

B. 若 Fe^{3+} 无副反应，$\lg\alpha_{Y(H)}\leqslant\lg K^{\ominus}_{FeY}+\lg c-6=24.20-2-6=16.20$，查表得最高酸度为 pH=1.30

C. 若 Fe^{3+} 无副反应，$\lg\alpha_{Y(H)}\leqslant\lg K^{\ominus}_{FeY}-6=24.20-6=18.20$，查表得最高酸度为 pH=0.90

D. 因 $\lg(c_{Fe}K^{\ominus}_{FeY})-\lg(c_{Al}K^{\ominus}_{AlY})=\Delta\lg K^{\ominus}=24.20-16.11=8.09>5$，故 Al^{3+} 存在不干扰 Fe^{3+} 测定

7. 完全溶解 2.866g 的 AgCl，需要 1.0L 氨水的最低浓度为（　　）$mol\cdot L^{-1}$。已知 AgCl 的 $K^{\ominus}_{sp}=1.77\times10^{-10}$，$[Ag(NH_3)_2]^+$ 的 $K^{\ominus}_{稳}=1.12\times10^7$。

A. 0.49　　B. 0.45　　C. 0.040　　D. 0.58

8. 下列配合物命名错误的是（　　）。

A. $Cu[SiF_6]$　六氟合硅（Ⅳ）酸铜

B. $[Fe(CO)_5]$　五羰基合铁

C. $[CoCl_2(NH_3)_3(H_2O)]Cl$ 一氯化二氯·三氨·一水合钴（Ⅲ）

D. $[PtCl_2(OH)_2(NH_3)_2]$ 二氨·二氯·二羟基合铂（Ⅳ）

9. 已知 pH=5.0 时，EDTA 的酸效应系数 $\alpha_{Y(H)}=10^{6.45}$。若此时 EDTA 各种存在形式的总浓度为 0.02mol·L^{-1}，则$[Y^{4-}]$=（　　）mol·L^{-1}。

A. 7.1×10^{-9}　　B. 7.1×10^{9}　　C. 3.5×10^{-9}　　D. 3.5×10^{9}

10. 在配位滴定中，SO_4^{2-}、PO_4^{3-}、Li^+、Na^+ 等一般可采用（　　）滴定方式。

A. 直接滴定法　　B. 间接滴定法

C. 返滴定法　　D. 置换滴定法

11. 用 EDTA 滴定 Ca^{2+}，化学计量点后 $[Ca^{2+}]$ 等于（　　）。

A. $[Ca^{2+}]=\dfrac{[CaY]}{[Y]_{总}K^{\ominus\prime}_{CaY}}$　　B. $[Ca^{2+}]=\dfrac{[CaY]}{[Y^{4-}]K^{\ominus\prime}_{CaY}}$

C. $[Ca^{2+}]=\dfrac{[CaY]}{[Y^{4-}]K^{\ominus\prime}_{CaY}}$　　D. $[Ca^{2+}]=\dfrac{[CaY]}{[Y]_{总}K^{\ominus}_{CaY}}$

12. 下列物质属于螯合物的是（　　）。

A. $[Cu(NH_3)_2]SO_4$　　B. $K_3[Fe(CN)_6]$

C. $[Cr(en)_3]Cl_3$　　D. $[Ag(NH_3)_2]NO_3$

13. 干扰离子 N 存在下，用控制酸度的方法，以 EDTA 准确滴定 M 的条件是（　　）。

A. $\lg(c_M K^{\ominus\prime}_{MY})\geqslant6$　　B. $\lg(c_M K^{\ominus\prime}_{MY})-\lg(c_N K^{\ominus\prime}_{NY})\geqslant5$

C. A+B　　D. 上述答案都不对

14. 当金属离子的副反应较大时，其副反应系数可以由公式（　　）计算得到。

A. $\alpha_M\approx\alpha_{M(OH)}+\alpha_{M(L)}$　　B. $\alpha_M\approx\alpha_{M(OH)}-\alpha_{M(L)}$

C. $\alpha_M\approx\alpha_{M(OH)}\alpha_{M(L)}$　　D. $\alpha_M\approx\alpha_{M(OH)}/\alpha_{M(L)}$

15. 下列配体为单齿配体的是（　　）。

A. $C_2O_4^{2-}$　　B. 乙二胺　　C. EDTA　　D. $S_2O_3^{2-}$

二、填空题

1. 已知$[Ag(NH_3)_2]^+$的 $K^{\ominus}_{稳}=1.12\times10^7$，AgI 的 $K^{\ominus}_{sp}=8.52\times10^{-17}$。0.05mol·L^{-1} $[Ag(NH_3)_2]^+$溶液（含 0.05mol·L^{-1} 的 NH_3）中，$[Ag^+]$=________ mol·L^{-1}。向上述溶液中加 KI，使$[I^-]$=0.050mol·L^{-1}，则____（填有或无）AgI 沉淀生成。

2. 已知 AgBr 的 $K^{\ominus}_{sp}=5.35\times10^{-13}$，$[Ag(NH_3)_2]^+$的 $\beta_2=1.12\times10^7$。计算完全溶解 0.010mol 的 AgBr 固体，需 800mL 氨水的最低浓度为________。

3. 已知$[Ag(NH_3)_2]^+$的稳定常数为 1.12×10^7，将 1.0mol $AgNO_3$ 固体溶于 1.0L 2.0mol·L^{-1} 的氨水中，平衡后体系中 Ag^+的浓度应为________。

4. $C_2O_4^{2-}$、乙二胺(en)为双齿配体，配位原子分别为________和________；EDTA 为________配体。

5. 已知 Ag_2S 的 $K^{\ominus}_{sp}=6.3\times10^{-50}$，$[Ag(CN)_2]^-$的 $K^{\ominus}_{稳}=1.26\times10^{21}$，反应 $Ag_2S+4CN^-\rightleftharpoons2[Ag(CN)_2]^-+S^{2-}$ 的平衡常数 $K^{\ominus}$ 为________，说明标准状态下________反应自发进行。

6. 已知 $\lg K^{\ominus}_{CuY}=18.70$，pH=4.0 时，$\lg\alpha_{Y(H)}=8.44$。若 Cu^{2+} 浓度为 0.010mol·L^{-1}，

只考虑 EDTA 的酸效应，计算 $\lg(cK^{\ominus\prime}_{CuY})$＝__________，说明________（填能或不能）用 EDTA 准确滴定 $0.010mol \cdot L^{-1}$ 的 Cu^{2+}。

7. 在 Ca^{2+}、Mg^{2+} 混合液中测 Ca^{2+}，要消除 Mg^{2+} 干扰，应采用________掩蔽法。

8. 已知$[Ag(NH_3)_2]^+$的稳定常数为 1.12×10^7，AgBr 的溶度积常数为 5.35×10^{-13}，$AgBr+2NH_3 \rightleftharpoons [Ag(NH_3)_2]^+ + Br^-$ 的平衡常数为________，400mL $1mol \cdot L^{-1}$ 的氨水中能溶解 AgBr 的质量为________ g。

9. 用 EDTA 滴定 Bi^{3+} 时，可用__________将 Fe^{3+} 还原成 Fe^{2+}，以消除 Fe^{3+} 的干扰。

10. 已知$[Zn(NH_3)_4]^{2+}$的 $\beta_4=10^{9.46}$，则$[Zn(NH_3)_4]^{2+}$的 $K^{\ominus}_{稳}$＝________，$K^{\ominus}_{不稳}$＝________。

11. 在配合物$[Co(en)_2Cl_2]_2SO_4$ 中，形成体为________，配体为________，配位原子为________，配位数为________。

12. 配合物的内界和外界以________相结合。内界比较稳定，一般只能发生微弱的解离。

三、计算题

1. 计算完全溶解 0.939g 的 AgBr，需要 1.0L 氨水的最低浓度。已知 AgBr 的 $K^{\ominus}_{sp}=5.35\times10^{-13}$，$[Ag(NH_3)_2]^+$的 $K^{\ominus}_{稳}=1.12\times10^7$。

2. 将 $0.08mol \cdot L^{-1}$ $AgNO_3$ 溶液和 $2.4mol \cdot L^{-1}$ 氨水等体积混合后，计算平衡时溶液中 Ag^+ 的浓度。已知$[Ag(NH_3)_2]^+$的 $K^{\ominus}_{稳}=1.12\times10^7$。

3. 通过计算说明能否在 pH＝8.0 时，用 EDTA 准确滴定 $0.010mol \cdot L^{-1}$ 的 Mg^{2+}？计算用 EDTA 准确滴定 $0.010mol \cdot L^{-1}$ Mg^{2+} 所允许的最低 pH。已知 $\lg K^{\ominus}_{MgY}=8.64$，$\lg\alpha_{Y(H)}=2.26$（pH 为 8.0）。

pH	$\lg\alpha_{Y(H)}$
7.50	2.78
8.00	2.26
9.00	1.29
9.50	0.83
10.00	0.45

4. 比较标准状态下$[Ag(NH_3)_2]^+$、$[Ag(CN)_2]^-$、$[Ag(S_2O_3)_2]^{3-}$氧化能力的相对强弱，并通过计算说明。已知$[Ag(NH_3)_2]^+$的 $K^{\ominus}_{稳}=1.12\times10^7$，$[Ag(CN)_2]^-$的 $K^{\ominus}_{稳}=1.26\times10^{21}$，$[Ag(S_2O_3)_2]^{3-}$的 $K^{\ominus}_{稳}=2.88\times10^{13}$。

5. 称取 0.5000g 的煤试样，灼烧并使其中的硫完全氧化成为 SO_4^{2-}。处理成溶液并除去重金属离子后，加入 20.00mL $0.05000mol \cdot L^{-1}$ $BaCl_2$ 使之生成 $BaSO_4$ 沉淀。过量的 Ba^{2+} 用 $0.02500mol \cdot L^{-1}$ EDTA 滴定，用去 20.00mL，计算煤中硫的质量分数。

6. 通过计算说明，标准状态下 $2[Fe(CN)_6]^{4-}+I_2 \longrightarrow 2[Fe(CN)_6]^{3-}+2I^-$ 的反应方向。已知 $E^{\ominus}(Fe^{3+}/Fe^{2+})=0.771V$，$[Fe(CN)_6]^{3-}$和$[Fe(CN)_6]^{4-}$的稳定常数 $K^{\ominus}_{稳}$分别为 1×10^{42} 和 1×10^{35}，$E^{\ominus}(I_2/I^-)=0.5355V$。

7. 计算 AgCl 在 1L $0.1mol \cdot L^{-1}$ $NH_3 \cdot H_2O$ 中的溶解度。已知$[Ag(NH_3)_2]^+$的 $K^{\ominus}_{稳}=1.12\times10^7$，$K^{\ominus}_{sp}(AgCl)=1.77\times10^{-10}$。

8. 在 pH 为 10 时，$\lg\alpha_{Y(H)}=0.45$。用 $0.01000mol \cdot L^{-1}$ EDTA 滴定 20.00mL $0.01000mol \cdot L^{-1}$ Ca^{2+} 溶液，计算化学计量点时 Ca^{2+} 的浓度（只考虑酸效应）。已知 $\lg K^{\ominus}_{CaY}=11.00$。

四、简答题

1. 已知 $\lg K^{\ominus}_{ZnY}=16.4$，pH=10.0 时，$\lg\alpha_{Y(H)}=0.45$，$\lg\alpha_{Zn(NH_3)}=5.49$，$\lg\alpha_{Zn(OH)}=2.4$。那么 pH=10.0 时，是否可以用 EDTA 准确滴定 $0.10mol \cdot L^{-1}$ Zn^{2+}？请说明原因。

2. 简述简单配合物与螯合物的区别。

3. 写出下列配合物的命名，并指出配位原子和配位数。

(1) $[CoCl(OH)_2(NH_3)_3]$　　(2) $[PtCl(NO_2)(H_2O)_2]$

4. 请简要设计用 EDTA 测定 Bi^{3+}、Al^{3+}、Pb^{2+}、Mg^{2+} 混合溶液中 Pb^{2+} 含量的方案。

5. 某溶液中含有 Pb^{2+}、Bi^{3+}，浓度均为 $0.010mol \cdot L^{-1}$，问能否利用控制酸度的方法分别滴定 Bi^{3+} 和 Pb^{2+}？并给出适宜的 pH 范围。

6. 在配位滴定中，常见的滴定方式有哪些？测定锡青铜合金中锡含量时用哪种滴定方式？

7. 在配位滴定中，金属指示剂应该具备哪些条件？

8. 某溶液中有被测离子 M 和干扰离子 N，若加入配位掩蔽剂可以消除金属离子 N 的干扰，则加入的掩蔽剂应具备哪些条件？

9. 在 Ca^{2+}、Mg^{2+} 共存的溶液中，用 EDTA 滴定 Ca^{2+}，如何消除 Mg^{2+} 的干扰？

10. 在配位滴定中，常见的掩蔽法有哪些？在 EDTA 滴定 Bi^{3+} 时，使用哪种掩蔽法消除 Fe^{3+} 的干扰？

习题答案

一、选择题

1. A	2. C	3. A	4. B	5. C
6. C	7. A	8. D	9. A	10. B
11. A	12. C	13. C	14. A	15. D

二、填空题

1. 1.8×10^{-6}；有
2. $5.1mol\cdot L^{-1}$
3. $2.8\times10^{-3}mol\cdot L^{-1}$
4. O；N；六齿
5. 1.0×10^{-7}；逆
6. 8.26；能
7. 沉淀
8. 6.0×10^{-6}；0.18
9. 盐酸羟胺或抗坏血酸
10. $10^{9.46}$；$10^{-9.46}$
11. Co^{3+}；en、Cl^-；N、Cl；6
12. 离子键

三、计算题

1. $2.05mol\cdot L^{-1}$
2. $2.8\times10^{-9}mol\cdot L^{-1}$
3. 不能准确滴定；pH≥9.7（或 9.8）
4. 氧化能力：$[Ag(NH_3)_2]^+ > [Ag(S_2O_3)_2]^{3-} > [Ag(CN)_2]^-$
5. 3.2%
6. 正向进行
7. $4.1\times10^{-3}mol\cdot L^{-1}$
8. $3.8\times10^{-7}mol\cdot L^{-1}$

四、简答题

1. 金属离子的副反应包含金属离子的辅助配位效应与羟基配位效应，金属离子的副反应系数 $\alpha_{Zn}=\alpha_{Zn(NH_3)}+\alpha_{Zn(OH)}-1=10^{5.49}+10^{2.4}-1\approx10^{5.49}$，则 $\lg\alpha_{Zn}=5.49$，那么 $\lg K^{\ominus\prime}_{ZnY}=\lg K^{\ominus}_{ZnY}-\lg\alpha_{Y(H)}-\lg\alpha_{Zn}=16.4-0.45-5.49=10.46$。根据准确滴定的条件，$\lg(c_{Zn}K^{\ominus\prime}_{ZnY})=\lg(0.1\times10^{10.46})>6$，所以可以用 EDTA 准确滴定 $0.10mol\cdot L^{-1}Zn^{2+}$。

2. 简单配合物是由一个中心离子（或原子）与单齿配体所形成的配合物。而螯合物是由中心离子和多齿配体形成的具有环状结构的配合物。

3. (1) 一氯·二羟基·三氨合钴(Ⅲ);配位原子为Cl、O、N,配位数为6。

(2) 一氯·一硝基·二水合铂(Ⅱ);配位原子为Cl、N、O,配位数为4。

4. 利用控制酸度的方法,在滴定Pb^{2+}时,Bi^{3+}、Mg^{2+}不干扰测定。为防止Al^{3+}干扰,可加入NH_4F掩蔽Al^{3+}。用六亚甲基四胺缓冲溶液控制pH=4~6,用EDTA标准溶液滴定Pb^{2+}。

5. 能利用控制酸度的方法分别滴定Bi^{3+}和Pb^{2+}。滴定Bi^{3+}和Pb^{2+}的适宜酸度分别为pH≈1和pH=4~6。

6. 常见的滴定方式有直接滴定法、间接滴定法、返滴定法、置换滴定法。测定锡青铜合金中锡含量时用置换滴定法。

7. ①金属指示剂配合物MIn与指示剂In颜色应显著不同;②金属指示剂配合物MIn要有适当的稳定性;③指示剂显色反应必须灵敏、迅速,且有良好的变色可逆性。

8. ①配位掩蔽剂与N形成的配合物的稳定性远高于NY的稳定性,且形成的配合物应无色或浅色;②掩蔽剂不与待测离子M配位,即使配位,其稳定性也应远小于MY;③掩蔽剂使用的pH范围应满足滴定的要求。

9. 加入氢氧化钠溶液至pH>12,Mg^{2+}生成$Mg(OH)_2$沉淀,使用钙指示剂,用EDTA直接滴定钙离子。

10. 在配位滴定中,常见的掩蔽法有配位掩蔽法、沉淀掩蔽法和氧化还原掩蔽法等。在EDTA滴定Bi^{3+}时,使用氧化还原掩蔽法消除Fe^{3+}的干扰。

第 8 章

原子结构

学习要求

① 了解氢原子光谱和原子能级的概念，了解核外电子运动的特殊性——波粒二象性。

② 了解原子轨道（波函数）和电子云等有关原子核外电子运动的概念，理解 s、p、d 原子轨道（波函数）角度分布图、电子云角度分布图，并掌握其分布特征，了解电子云径向分布图。

③ 掌握四个量子数，熟悉四个量子数对核外电子运动状态的描述及其名称、符号、取值和意义。掌握电子层、电子亚层、能级和轨道等的概念，熟悉 s、p、d 原子轨道的形状和空间伸展方向。

④ 初步了解多电子原子中屏蔽效应、有效核电荷、钻穿效应等概念及其对元素性质的影响。

⑤ 掌握多电子原子核外电子排布的一般规律，能熟练运用泡利不相容原理、能量最低原理和洪特规则；正确写出原子序数 1～36 号元素的核外电子排布式和价电子构型，并能据此确定它们在周期表中的位置。

⑥ 掌握各族元素价电子层结构的特征，掌握原子结构和元素周期表中元素按 s、p、d、ds、f 分区之间的关系。

⑦ 学会从原子半径、电子层构型和有效核电荷来了解元素的性质；熟悉电离能、电子亲和能、电负性的周期性变化规律，并能用来讨论元素的某些性质与其原子结构之间的关系。

学习要点

1. 氢原子光谱和玻尔理论

量子化就是不连续的意思，能量及其他物理量的不连续性是微观世界的重要特征。氢原子光谱是最简单的光谱，近代原子结构理论是从研究原子光谱开始的。玻尔根据普朗克的量子论、卢瑟福的核型原子模型以及氢原子光谱的事实，提出了定态轨道的假设、轨道能量的假设以及能量的吸收和释放的假设，成功地解释了氢原子光谱的规律性。

2. 微观粒子的运动特性

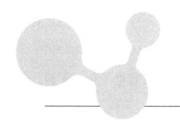

1924 年，法国物理学家德布罗意在光的波粒二象性的启示下，大胆地假设：电子等微

观粒子也具有粒子性和波动性。1927 年，由戴维森和革末利用低速电子进行电子衍射实验证实了德布罗意的预言。

3. 测不准原理

1927 年，德国物理学家海森伯经严格推导提出了测不准关系式：

$$\Delta x \Delta P_x \approx h \text{ 或 } \Delta x \approx \frac{h}{m \Delta v_x}$$

表明了不可能同时准确地测得电子的动量和空间位置。测不准原理表明，核外电子不可能沿着如玻尔理论所指的半径不变的固定轨道运动，这对玻尔理论实际上是一种否定。所以研究电子的运动规律及其排布方式只能用统计的方法来处理问题。

4. 概率波

由电子衍射实验可知，一个电子没有固定的运动轨道，也就无法预测电子在某一时刻将在何处出现或在何时将在某一地点出现。衍射强度大小正比于电子出现的概率大小。因此，实物微粒波是一种具有统计性的概率波。统计性是微观粒子运动的又一普遍特性。

5. 波函数和原子轨道及其空间图像

描述波的数学函数式叫作波函数。电子运动具有波动性，所以也可以用波函数来描述其运动状态。在量子力学中，用波函数 Ψ 来描述核外电子运动状态。原子轨道角度分布图即为角度波函数 $Y(\theta, \phi)$ 的空间图像。s、p、d 原子轨道角度分布图的形状需要牢记，尤其是这些原子轨道极大值的指向以及正负号（对称性）。

s 轨道为球形，仅有一种，无正负之分。

p 轨道为哑铃形，有三种不同取向，均有正负之分。

d 轨道为花瓣形，有五种，均有正负之分。

应着重指出，“s 电子绕核做圆形运动”“p 电子走 8 字”的说法都是错误的。

6. 电子云及其空间图像

电子云图：用点的疏密程度表示$|\Psi|^2$值大小的图形，这是概率密度分布的形象化表示。注意电子云和原子轨道是从两个不同角度描述原子中电子运动的行为的。电子云反映了电子在核外空间某点的概率密度分布，原子轨道则描述了核外电子的运动状态。

电子云角度分布图：由$|Y|^2$对 (r, θ) 作图而得。原子轨道角度分布和电子云角度分布的图像相似，但有区别。

电子云径向分布图：$D(r)$-r 图。径向分布函数 $D(r)=R^2(r)4\pi r^2$ 反映了离原子核不同径向间距 r 时电子出现概率的变化情况。

7. 四个量子数

薛定谔方程求解过程中自然地引进了三个量子数 n、l、m，其物理意义及可取数值如下。

（1）主量子数 n

确定原子轨道的能级和电子离核的平均距离。可取一切正整数。

（2）角量子数 l

决定电子角动量的大小，确定原子轨道或电子云的空间形状，是描述电子所处亚层的参数。

（3）磁量子数 m

决定原子轨道或电子云在空间的伸展方向。在给定的角量子数 l 下，磁量子数 m 可取 $-l,\cdots,-1,0,+1,\cdots,+l$，共 $2l+1$ 个值，表示可有 $2l+1$ 个不同的伸展方向。

（4）自旋角动量量子数 m_s

决定电子自旋状态，取值+1/2 或−1/2。从量子力学的角度来看，并不存在电子绕轴自旋的概念，实际上这是一种相对论效应。

8. 多电子原子的核外电子排布

（1）屏蔽效应和钻穿效应

屏蔽效应是指把多电子原子中其余电子对某一指定电子的排斥作用，近似看成是其余电子抵消了一部分核电荷对电子 e 的吸引作用。

$$Z^*(\text{有效核电荷数})=Z(\text{核电荷数})-\sigma(\text{屏蔽常数})$$

钻穿效应，顾名思义就是电子可以钻到内层靠近核的地方，本身回避了内层电子对它的屏蔽而它又对外层电子产生屏蔽作用。应用屏蔽效应和钻穿效应，能很好解释多电子原子中轨道能量的高低顺序。

（2）鲍林近似能级图

鲍林从大量光谱实验数据中总结出了多电子原子中原子轨道能量高低的顺序，得到鲍林近似能级图。能级组与元素周期表中的周期相对应。通常所说的电子层是指主量子数 n 相同的所有电子，而不是同一能级组的所有电子，切勿混为一谈。

（3）多电子原子核外电子排布规律

泡利不相容原理、能量最低原理和洪特规则是多电子原子核外电子排布的依据。根据上述规则并结合光谱实验测定的结果，可以写出大多数基态原子的核外电子排布式。

9. 原子的电子层结构和元素周期律

元素原子具有的电子层数与元素所在的周期数存在对应关系。目前常用的是长式周期表，共有 7 个周期，118 个元素。

元素周期表中，把性质相似的元素排成 18 个纵列，称为族。共有 16 个族，分为 7 个主族（ⅠA～ⅦA）、7 个副族（ⅠB～ⅦB）、1 个零族和 1 个第Ⅷ族。

依据元素原子的价电子构型，可把元素周期表中的元素分为 5 个区：s 区、d 区、ds 区、p 区和 f 区。

知道了元素在周期表中的位置（周期、族），就可以写出该元素原子的电子排布式和价电子构型，反之亦然。

10. 元素主要原子参数的周期性变化规律

（1）原子半径

原子半径通常由实验测定而得，根据原子与原子之间作用力的不同，人为规定了以下三种原子半径：

共价半径：两个同种元素的原子以共价单键连接时，其核间距离的一半。

范德华半径：又叫接触半径，分子晶体中，两个原子只靠范德华力互相吸引时其核间距离的一半。

金属半径：金属晶格中，相邻两金属原子核间距离的一半。

（2）电离能 I

基态的气态原子失去一个电子成为氧化数为+1的气态正离子时所吸收的能量，为元素的第一电离能 I_1，用于衡量单个原子失去电子的难易程度（即金属活泼性）。元素的电离能愈小，愈易失去电子，金属性越强。

（3）电子亲和能 E_{ea}

元素处于基态的气态原子获得一个电子成为氧化数为－1的气态负离子时所放出的能量，称为该元素的电子亲和能 E_{ea}。电子亲和能等于电子亲和反应焓变的负值，故放热时电子亲和能值为正。元素的电子亲和能愈大，表示其原子获得电子的能力愈大，元素的非金属性越强。

（4）电负性 χ

电负性 χ 反映了原子在化合物中吸引成键电子的能力。元素的电负性数值越大，元素的非金属性越强；元素的电负性数值越小，元素的金属性越强。

（5）元素的氧化数

元素的氧化数取决于元素价电子层的结构，呈现出有规律性的变化。

典型例题

例 1 写出 Co 原子的核外电子排布式（电子层结构）、价电子层结构和 Co^{2+} 的外层电子排布式，并指出 Co 元素在周期表中所属的周期、族和区。

解 Co 的原子序数为 27，Co 原子的核外电子排布式（电子层结构）为：$1s^2 2s^2 2p^6 3s^2 3p^6 3d^7 4s^2$，亦可写为［Ar］$3d^7 4s^2$。

Co 原子的价电子层结构为：$3d^7 4s^2$。

Co^{2+} 的最外层电子排布式为：$3s^2 3p^6 3d^7$。

从原子核外电子排布式和周期表组成的关系可知，Co 属第四周期，第Ⅷ族，为 d 区元素。

例 2 有三个元素 A、B、C，价电子构型分别是：A 为 $4d^5 5s^1$；B 为 $5d^0 6s^2$；C 为 $3d^3 4s^2$。指出它们的原子序数及在周期表中属哪一周期哪一族？

解 A 元素是 42 号钼（Mo），为第五周期ⅥB 族元素。

B 元素是 56 号钡（Ba），为第六周期ⅡA 族元素（因 5d 轨道上没有电子）。

C 元素是 23 号钒（V），为第四周期ⅤB 族元素。

例 3 （1）从下列各组中挑出半径最大的物质。

①S，Se；②C，N；③Fe^{2+}，Fe^{3+}；④O^+，O^-；⑤S，S^{2-}

（2）选择第一电离能最大的物质。

①Li，Be；②Be，B；③C，N；④N，O；⑤Ne，Na；⑥S，S^+；⑦Na^+，Mg^+

（3）选择下列各组第一电子亲和能放出能量最多的物质。

①S，Cl；②S，S^-；③P，As；④O，S

解　(1) ①Se；②C；③Fe^{2+}；④O^-；⑤S^{2-}。

(2) ①Be；②Be；③N；④N；⑤Ne；⑥S^+；⑦Na^+。

根据洪特规则，等价轨道全满、半满或全空的结构是比较稳定的结构，故 Be（价电子层结构为 $2s^2$）、N（价电子层结构为 $2s^2 2p^3$）和 Ne（价电子层结构为 $2s^2 2p^6$）的第一电离能较大。

(3) ①Cl；②S；③P；④S。

例 4　指出下列叙述是否正确。

(1) 价电子构型为 ns^1 的元素一定是碱金属元素；

(2) 第八族元素的价电子构型为 $(n-1)d^6 ns^2$；

(3) 过渡元素的原子填充电子时先填 3d 然后填 4s，所以失去电子时也按这个次序；

(4) 因为镧系收缩，第六周期元素的原子半径都比第五周期同族元素半径小；

(5) $O(g)+e^- \longrightarrow O^-(g)$，$O^-(g)+e^- \longrightarrow O^{2-}(g)$ 都是放热过程。

解　(1) 不正确。

(2) 错误。正确的叙述是：第八族元素的价电子构型为 $(n-1)d^{6\sim10} ns^{0,1,2}$。

(3) 错误。正确的说法是：填充电子时，先填 4s 后填 3d；失去电子时，先失去 4s 后失 3d。

(4) 错误。正确的叙述是：由于镧系收缩，第六周期元素的原子半径与第五周期同族元素的原子半径相近。

(5) 错误。$O(g)+e^- \longrightarrow O^-(g)$是放热反应，$O^-(g)+e^- \longrightarrow O^{2-}(g)$ 是吸热反应。因为带负电的 $O^-(g)$ 离子排斥外来电子，所以需吸收能量以克服电子的斥力成为 $O^{2-}(g)$。可见 O^{2-} 在气态时是极不稳定的，只能存在于晶体和溶液中。

习题

一、选择题

1. 表示铜原子最高能级的量子数正确的是（　　）。

A. $n=4$，$l=0$，$m=0$　　B. $n=3$，$l=2$，$m=-2$

C. $n=4$，$l=1$，$m=0$　　D. $n=3$，$l=2$，$m=1$

2. 下列电子排布错误的是（　　）。

A. [Ar] $3d^1 4s^2$　　B. [Ar] $3d^4 4s^2$　　C. [Ar] $3d^{10} 4s^1$　　D. [He] $2s^3 2p^4$

3. 下列第一电离能比较大小的结论错误的是（　　）。

A. Na<C<O<N　　B. Na<Al<Mg　　C. Be<Mg<Ca　　D. Cu<Zn

4. 下列叙述错误的是（　　）。

A. 由于多电子原子存在屏蔽效应，因此原子核对电子的引力将减小

B. 周期表中电离能最大的是 He，电负性最大的是 F

C. 第四周期原子半径最大、有效核电荷最小的是 K

D. 价电子层有 $ns^{1\sim2}$ 电子的元素一定是 s 区元素

5. 下列叙述正确的是（　　）。

A. 过渡元素的族序数等于其价电子总数

B. 具有 $3d^{1\sim8}4s^{1\sim2}$ 电子层结构的元素属第四周期 d 区元素，价电子层有 ns^2 电子的元素属于 s 区元素

C. 由于多电子原子存在屏蔽效应，故原子核对电子的引力将增大

D. 周期表中电负性最大的是 F，电子亲和能最大的是 Cl；第二周期第一电离能最大的是 Ne

6. 下列属于原子激发态的是（　　）。

A. [Ar] $3d^5 4s^1$　　B. [Ar] $3d^7 4s^2$　　C. [Ne] $3s^1$　　D. [Ne] $3p^1$

7. 下列第一电离能比较大小的结论错误的是（　　）。

A. Al＜Mg　　B. Cu＜Zn　　C. O＜N　　D. Mg＜Ca

8. 某副族元素原子，其电子最后排入 3d，最高氧化值为＋7，则该原子为（　　）。

A. Mn　　B. Co　　C. Fe　　D. Cr

9. 第 29 号元素 Cu 的基态价层电子排布式为（　　）。

A. $3d^{10}4s^1$　　B. $3d^5 4s^2 4p^4$　　C. $3d^9 4s^2$　　D. $3s^2 3p^6 3d^{10} 4s^1$

10. 下列叙述不正确的是（　　）。

A. 第四周期元素有效核电荷数最小、原子半径最大的是 K

B. 具有 $ns^2np^{1\sim6}$ 电子层结构的元素属于 p 区元素，价电子层有 $ns^{1\sim2}$ 电子的元素属于 s 区元素

C. 作用于钾原子的 1s 电子的有效核电荷数 $Z^*=18.70$

D. 由于多电子原子存在屏蔽效应，故原子核对电子的引力将减小

11. 下列第一电离能比较大小的结论错误的是（　　）。

A. O＜N＜F＜Ne　　B. O＜S＜P　　C. Na＜Al＜Mg　　D. K＜Cu

12. 下列四种电子构型的原子中，电离能最低的是（　　）。

A. ns^2np^3　　B. ns^2np^4　　C. ns^2np^5　　D. ns^2np^6

13. 描述原子轨道的各组量子数合理的是（　　）。

A. $n=4$，$l=3$，$m=3$　　B. $n=3$，$l=0$，$m=1$

C. $n=2$，$l=2$，$m=-1$　　D. $n=3$，$l=1$，$m=2$

14. 下列叙述正确的是（　　）。

A. 主族元素的族序数等于其最外层电子数，过渡元素的族序数等于其价电子总数

B. 由于多电子原子存在屏蔽效应，故原子核对外层电子的引力将增加

C. 氢原子核外电子能量由主量子数 n 决定，因此 n 越大，电子能级越高

D. 钾原子的 4s 电子的钻穿效应大于 3d 电子，故 3d 电子能量低于 4s 电子

15. 原子序数为 19 的元素的价电子，其四个量子数为（　　）。

A. $n=3$，$l=0$，$m=0$，$m_s=1/2$　　B. $n=2$，$l=1$，$m=0$，$m_s=-1/2$

C. $n=3$，$l=2$，$m=1$，$m_s=1/2$　　D. $n=4$，$l=0$，$m=0$，$m_s=1/2$

16. 按周期表排列，元素 Be、B、Mg、Al 的电负性大小顺序为（　　）。

A. B＞Be＞Al＞Mg　　B. B＞Al＞Be＞Mg

C. B＞Be≈Al＞Mg　　D. B＜Be＜Al＜Mg

17. 波函数和原子轨道是同义词，因此可以将波函数体会为（　　）。

A. 电子运动的轨迹　　B. 电子运动的概率密度
C. 电子运动的状态　　D. 电子运动的概率

18. 下列各组量子数，可能出现的是（　　）。
A. $n=3$，$l=2$，$m=1$　　B. $n=3$，$l=1$，$m=2$
C. $n=3$，$l=0$，$m=1$　　D. $n=3$，$l=3$，$m=1$

19. 角量子数受（　　）。
A. 主量子数的制约　　B. 磁量子数的制约
C. 主量子数和磁量子数共同制约　　D. 不受主量子数和磁量子数共同制约

20. 在多电子原子中存在着屏蔽效应，因此（　　）。
A. 原子核对电子的引力增加　　B. 原子核对电子的引力减小
C. 电子间的相互作用减小　　D. 电子间的相互作用增大

21. 下列哪一种电子层结构不是卤素原子的？（　　）
A. 7　　B. 2，7　　C. 2，8，18，7　　D. 2，8，7

22. 在周期表中，氡（Rn，86）下面一个未发现的同族元素的原子序数应该是（　　）。
A. 150　　B. 136　　C. 118　　D. 109

23. 在溴原子中，有 3s、3p、3d、4s、4p 各轨道，其能量高低的顺序是（　　）。
A. 3s＜3p＜4s＜3d＜4p　　B. 3s＜3p＜4s＜4p＜3d
C. 3s＜3p＜3d＜4s＜4p　　D. 3s＜3p＜4p＜3d＜4s

24. 已知某元素+3 价离子的核外电子排布式为 $1s^2 2s^2 2p^6 3s^2 3p^6 3d^5$，该元素在周期表中属于（　　）。
A. ⅤB 族　　B. ⅢB 族　　C. Ⅷ族　　D. ⅤA 族

25. 下列几种元素中氧化数只有+2 的是（　　）。
A. Co　　B. Ca　　C. Cu　　D. Mn

26. 下列各组数字都是分别指原子的次外层、最外层电子数和元素的常见氧化态，哪一组最符合硫的情况？（　　）。
A. 2，6，−2　　B. 8，6，−2　　C. 18，6，+4　　D. 2，6，+6

27. 估计某一电子受到屏蔽的总效应，一般要考虑下列哪一种情况下电子的排斥作用？（　　）
A. 内层电子对外层电子　　B. 外层电子对内层电子
C. 所有存在的电子对某电子　　D. 同层和内层电子对某电子

28. 下列几种元素中原子半径最大的是（　　）。
A. 钙　　B. 铝　　C. 硒　　D. 氯

29. 零族元素中原子序数增加电离能随之减小，这符合下列哪一条一般规律？（　　）
A. 原子量增加致使电离能减小　　B. 核电荷增加致使电离能减小
C. 原子半径增加致使电离能减小　　D. 元素的金属性增加致使电离能减小

30. 下列四种电子构型的原子中，电离能最低的是（　　）。
A. ns^2np^3　　B. ns^2np^4　　C. ns^2np^5　　D. ns^2np^6

31. 第一电离能由低到高顺序正确的是（　　）。
A. C＜N＜O＜Na　　B. Na＜O＜N＜C　　C. O＜Na＜C＜N　　D. Na＜C＜O＜N

32. 下列哪一排列为电离能（解离出一个电子）增加的顺序？（　　）

A. K、Na、Li　　B. O、F、Ne　　C. B^{3+}、B^{4+}、C^{5+}　　D. 三者都是

33. 下列原子中，第一电子亲和能最大（放出能量最多）的是（　　）。

A. N　　B. O　　C. P　　D. S

34. 下列哪一排列是电负性减小的顺序（　　）。

A. K、Na、Li　　B. O、Cl、H　　C. As、P、H　　D. 三者都是

35. 电负性最大的元素（　　）。

A. 电离能也比较大　　B. 电子亲和能也比较大

C. 上述两种说法都对　　D. A 和 B 都是片面的

二、填空题

1. 作用于 Mg 原子的 1s 电子的有效核电荷数 Z^* =__________。

2. 某元素在第四周期，原子失去 1 个电子形成+1 价离子时，在角量子数 $l=2$ 的轨道内电子为全满，该元素位于周期表中第__________族、__________区，+1 价离子的价电子构型为__________。

3. 某元素在第四周期，原子失去 2 个电子形成+2 价离子时，在角量子数为 2 的轨道内电子正好为半满，该元素位于周期表中第__________族、__________区，+2 价离子的价电子构型为__________。

4. 第二周期第一电离能最大的元素，其原子的 1s 电子的有效核电荷数为__________。

5. 作用于钪原子 3d 电子上的有效核电荷数为__________。

6. 某元素位于第四周期，失去三个电子后，在 d 轨道上为半满，则该元素位于周期表中__________区，其原子的价电子构型为__________。

7. 第四周期原子半径最大、有效核电荷数最小的元素是__________。

8. 某元素的原子序数小于 36，当该元素原子失去一个电子时，其角量子数等于 2 的轨道内电子数为全充满，则该元素为__________。

9. 作用于 Li 原子的 1s 电子的有效核电荷数 Z^* =__________。由于多电子原子存在屏蔽效应，因此原子核对外层电子的引力将__________。

10. 具有 $ns^2np^{1\sim6}$ 电子层结构的元素属于__________区元素。

11. 某元素+3 价离子的价电子排布式为 $3d^5$，该元素在周期表中位于第__________族，元素符号是__________。

12. 第三周期元素电负性最大的元素为__________，有效核电荷数最小的是__________。

13. 某元素在氪之前，其原子失去 3 个电子形成+3 价离子时，角量子数为 2 的轨道内电子正好为半充满，该元素位于周期表中第__________周期，第__________族。

14. 某元素+1 价离子的外层电子构型为 $n=3$，$l=2$ 的轨道中为全满，则该元素位于__________区，元素符号为__________。

15. 作用于 O 原子的 1s 电子的有效核电荷数 Z^* =__________。

16. 某元素的+3 价离子的外层电子构型为 $n=3$，$l=2$ 的轨道中有 3 个电子，则该元素位于__________区，元素符号是__________。

17. 当 $n=4$ 时，l 可能的值是__________。

18. 主量子数为 5 的电子层上轨道总数为__________。

19. $n=4$，$l=2$ 的电子的原子轨道是__________轨道，该轨道最多可容纳__________个

电子。

20. $n=2$，$l=1$，$m=1$，$m_s=-1/2$ 的电子，其能量与 $n=2$，$l=1$，$m=0$，$m_s=+1/2$ 的电子的能量相比，前者__________后者。

21. 第四电子层包括__________原子轨道，最多可容纳的电子数是__________。

22. 第四能级组包括__________原子轨道，最多可容纳的电子数是__________。

23. 第三周期有__________种元素，这是因为第__________能级组最多可容纳__________个电子。

24. 某元素第三电子层有 10 个电子，其原子序数是__________，该元素位于第__________周期、第__________族。

25. 最外电子层有 3 个 p 电子的元素，属于__________族元素。

26. 具有 $(n-1)d^{10}ns^2$ 电子构型的元素位于周期表中__________区，属于__________族元素。

27. 外层电子排布式为 $3s^2 3p^6$ 的 +1 价离子是__________，+2 价离子是__________，+3 价离子是__________，−1 价离子是__________，−2 价离子是__________。

28. Mg 原子与 Ba 原子相比，前者的电离能较__________，电负性较__________。

29. P 原子与 S 原子相比，前者的原子半径较__________，电离能较__________。

30. $n=3$ 的电子层上有 13 个电子，根据洪特规则，共有成单电子__________个，配对电子__________对。

31. 原子中 4p 轨道半充满的元素是__________，3d 轨道半充满的元素是__________。

32. 电负性相差最大的两个元素是__________和__________。

三、简答题

1. 用斯莱特规则分别计算 Na 原子作用在 1s、2s 和 3s 电子上的有效核电荷数。

2. 为什么任何原子的最外层上最多只能有 8 个电子，次外层上最多只能有 18 个电子？

3. 已知四种元素原子的价电子构型分别为：①$4s^2$；②$3s^2 3p^5$；③$3d^3 4s^2$；④$5d^{10} 6s^2$。试指出：

（1）它们在周期表中各处于哪一区？哪一周期？哪一族？

（2）它们的电负性的相对大小。

4. 已知某副族元素 A 的原子，其电子最后排入 3d，最高氧化数为 +4；元素 B 的原子，其电子最后排入 4p，最高氧化数为 +5。回答下列问题：

（1）写出 A、B 元素原子的核外电子排布式；

（2）根据核外电子排布式，指出它们在周期表中的位置（周期、族）。

5. 有 A、B、C、D 四种元素，其最外层电子依次为 1、2、2、7，其原子序数按 B、C、D、A 次序增大。已知 A 与 B 的次外层电子数为 8，而 C 与 D 为 18。试问 A、B、C、D 各是什么元素？

6. 现有 A、B、C、D 四种元素，A 是ⅠA 族第五周期元素，B 是第三周期元素。B、C、D 的价电子分别为 2、2、7 个。四元素原子序数从小到大的顺序是 B、C、D、A。已知 C 和 D 的次外层电子均为 18 个。

（1）A、B、C、D 分别是什么元素？

（2）写出 A、B、C、D 简单离子的形式。

7. 为什么第二周期元素的电离能在铍和硼、氮和氧处出现转折？这种转折在其他周期是否亦有存在？如有，指出它们的位置。

8. 试用原子结构理论解释：

（1）稀有气体元素在每个周期元素中具有最高的电离能。

（2）电离能 P>S。

（3）电子亲和能 S>O。

（4）电子亲和能 C>N。

习题答案

一、选择题

1. A　2. D　3. C　4. D　5. D
6. D　7. D　8. A　9. A　10. B
11. B　12. B　13. A　14. C　15. D
16. C　17. C　18. A　19. A　20. B
21. A　22. C　23. A　24. C　25. B
26. B　27. D　28. A　29. C　30. B
31. D　32. D　33. D　34. B　35. C

二、填空题

1. 11.70
2. ⅠB；ds；$3d^{10}$
3. ⅦB；d；$3d^{5}$
4. 9.70
5. 3.0
6. d；$3d^{6}4s$
7. K
8. Cu
9. 2.70；减小
10. p
11. Ⅷ；Fe
12. Cl；Na
13. 四；Ⅷ
14. ds；Cu
15. 7.70
16. d；Cr
17. 0，1，2，3
18. 25
19. 4d；10
20. 等于
21. 4s，4p，4d，4f；32 个
22. 4s，3d，4p；18 个
23. 8；三；8
24. 22；四；ⅣB
25. ⅤA
26. ds；ⅡB

27. K^+；Ca^{2+}；Sc^{3+}；Cl^-；S^{2-}

28. 大；大

29. 大；大

30. 5；4

31. As；Cr，Mn

32. F；Cs

三、简答题

1. 10.70；6.85；2.2。

2. 因为有能级交错，$ns<(n-2)f<(n-1)d<np$，所以最外层上只有 ns、np 轨道，共 4 个轨道，可容纳 8 个电子；$(n-1)$ 层上只有 $(n-1)s$、$(n-1)p$、$(n-1)d$ 轨道，共 9 个轨道，可容纳 18 个电子。

3. (1) $4s^2$：s 区，第四周期，ⅡA 族；

$3s^23p^5$：p 区，第三周期，ⅦA 族；

$3d^34s^2$：d 区，第四周期，ⅤB 族；

$5d^{10}6s^2$：ds 区，第六周期，ⅡB 族。

(2) 电负性：②>④>③>①。

4. (1) A：$1s^22s^22p^63s^23p^63d^24s^2$；

B：$1s^22s^22p^63s^23p^63d^{10}4s^24p^3$。

(2) A：第四周期ⅣB 族；

B：第四周期ⅤA 族。

5. A 为 $_{59}Pr$；B 为 $_{17}Cl$；C 为 $_{26}Fe$；D 为 $_{28}Ni$。

6. (1) A：$_{37}Rb$ $1s^22s^22p^63s^23p^63d^{10}4s^24p^65s^1$；

B：$_{12}Mg$ $1s^22s^22p^63s^2$；

C：$_{30}Zn$ $1s^22s^22p^63s^23p^63d^{10}4s^2$；

D：$_{35}Br$ $1s^22s^22p^63s^23p^63d^{10}4s^24p^5$。

(2) A^+；B^{2+}；C^{2+}；D^-。

7. 因为 B 的核外电子排布式为 $1s^22s^22p^1$，失去 1 个 2p 电子成 $1s^22s^2$，s^2 全充满比较稳定。O 的核外电子排布式为 $1s^22s^22p^4$，失去 1 个 2p 电子成 $1s^22s^22p^3$，p^3 半充满比较稳定。类似的有 Mg 和 Al，P 和 S，As 和 Se。

8. (1) 稀有气体具有稳定的 8 电子结构，故电离能最高。

(2) 因为 S 的核外电子排布式为 $1s^22s^22p^63s^23p^4$，失去 1 个 3p 电子成为 $1s^22s^22p^63s^23p^3$ 半充满的稳定结构，故电离能小。

(3) 因为 O 的原子半径较小，电子密度大，电子间相互斥力大，故加一个电子形成负离子时放出的能量较小，电子亲和能较 S 小。

(4) N 的核外电子排布式为 $1s^22s^22p^3$，半充满的结构较稳定，不易再加合电子，故其电子亲和能较小；C 的核外电子排布式为 $1s^22s^22p^2$，加合一个电子后成为半充满结构，较稳定，故电子亲和能较大。

第 9 章

分子结构与晶体结构

学习要求

① 理解离子键、共价键和金属键的形成本质；学会用化学键理论解释无机化合物的结构和性质。

② 掌握共价键理论的基本要点以及共价键的特征和分类。

③ 理解杂化轨道理论的基本要点，掌握常见的杂化轨道与分子几何构型的关系；理解配合物价键理论的基本要点，以及稳定性和磁性的基本概念，掌握配合物的形成与空间构型的关系。

④ 理解分子轨道理论的基本要点；学会用分子轨道理论说明分子的成键情况、键的强弱和分子的磁性。

⑤ 掌握分子间作用力、氢键对物质性质的影响；理解离子的极化力和变形性的概念。掌握离子极化对键型、晶体结构和化合物性质的影响。

⑥ 理解原子晶体、分子晶体、金属晶体和离子晶体四种晶体类型的特征，以及与物质性质如熔点、沸点和硬度等的关系。

学习要点

1. 共价键

由共价键理论的两个基本要点可知共价键的特征为饱和性和方向性。根据原子轨道重叠的方式不同，共价键分为 σ 键和 π 键。注意：π 键不能单独存在。

2. 杂化轨道理论

深刻理解杂化轨道理论的基本要点和典型实例，重点介绍 sp 杂化、sp^2 杂化和 sp^3 杂化，学会运用杂化轨道理论解释分子的成键情况以及判断分子的空间几何构型。以 NH_3 和 H_2O 为例介绍不等性杂化，掌握等性杂化和不等性杂化的区别。

3. 分子轨道理论

① 第二周期同核双原子分子，分子轨道能级图有两种情况：一是 2s 和 2p 原子轨道能量相差较大时（O_2、F_2 等分子），分子轨道的能量次序为 $\sigma_{2p_x}<\pi_{2p_y}=\pi_{2p_z}$；二是 2s 和 2p 原子轨道能量相差较小时（$B_2$、$C_2$、$N_2$ 等分子），分子轨道的能量次序为 $\pi_{2p_y}=\pi_{2p_z}<\sigma_{2p_x}$。

② 通过分子轨道表示式判断分子的磁性和稳定性。

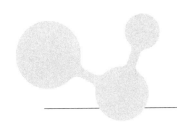

4. 配合物的价键理论

（1）常见配合物的杂化类型与空间构型

① 配位数为2。杂化轨道类型为sp，配离子的空间构型为直线形，典型示例：$[Ag(NH_3)_2]^+$、$[Cu(NH_3)_2]^+$。

② 配位数为3。杂化轨道类型为sp^2，配离子的空间构型为平面三角形，典型示例：$[HgI_3]^-$、$[CuCl_3]^{2-}$。

③ 配位数为4。杂化轨道类型为sp^3和dsp^2两种。sp^3杂化时配离子的空间构型为四面体，典型示例：$[Cd(NH_3)_4]^{2+}$、$[Ni(NH_3)_4]^{2+}$。dsp^2杂化时配离子的空间构型为平面正方形，典型示例：$[Cu(NH_3)_4]^{2+}$、$[Ni(CN)_4]^{2-}$。

④ 配位数为5。杂化轨道类型为dsp^3，配离子的空间构型为三角双锥形，典型示例：$Fe(CO)_5$、$[CuCl_5]^{3-}$。

⑤ 配位数为6。杂化轨道类型为sp^3d^2和d^2sp^3两种。sp^3d^2杂化时配离子的空间构型为八面体，典型示例：$[FeF_6]^{3-}$、$[Co(NH_3)_6]^{2+}$。d^2sp^3杂化时配离子的空间构型为八面体，典型示例：$[Fe(CN)_6]^{3-}$、$[Co(NH_3)_6]^{3+}$。

（2）配合物价键理论的应用

① 外轨型配合物中，其自旋平行的未成对电子数和自由金属离子中的未成对电子数相同，此时具有较多的未成对电子数，其稳定性较小。

② 内轨型配合物中，其自旋平行的未成对电子数比自由离子的未成对电子数少，此时具有较少的未成对电子数，其稳定性较大。

③ 配合物的磁性。根据磁矩可以计算出未成对电子数，进而推测出在形成配合物时，中心离子的价电子排布和采取的杂化轨道类型，从而确定配合物配键的类型，解释配合物的相对稳定性。

5. 键的极性和分子极性之间的关联

分子的极性取决于整个分子的正、负电荷重心是否重合。分子极性的强弱用偶极矩μ来衡量。

6. 分子间作用力

分子间作用力包括色散力、诱导力和取向力。掌握这三种作用力与瞬时偶极、诱导偶极和固有偶极之间的内在联系。色散力的大小与分子的变形性有关。一般来说，分子量越大，变形性越大，色散力越大。大多数分子间作用力以色散力为主。只有极性很大的分子，取向力才占较大的比例。

7. 氢键

氢键具有方向性和饱和性。氢键分为分子间氢键和分子内氢键，它们对物质性质的影响不同。

8. 离子键

离子键的本质是静电引力，没有方向性和饱和性。离子的电子构型分为以下几种：

① 简单负离子：8电子构型。

② 正离子的电子构型较为复杂，分为2电子构型、8电子构型、9～17电子构型、18电子构型、18+2电子构型。

9. 离子晶体性质的影响因素

离子晶体的晶格能会影响离子晶体的性质如熔点、硬度等。晶格能越大，离子化合物越稳定。晶格能一般通过实验数据间接计算得到，如玻恩-哈伯循环法。离子极化的强弱主要与离子的极化力和变形性有关。离子极化会影响键型、晶体结构、熔沸点、溶解度和化合物颜色。

10. 晶体类型

典型的晶体类型包含原子晶体（金刚石、SiO_2 等）、离子晶体（NaCl、MgO 等）、分子晶体（I_2、CO_2 等）和金属晶体（Mg、Ag 等）。此外还有一种混合键型晶体（石墨等）。

典型例题

例 1　比较 O_2^+、O_2、O_2^- 和 O_2^{2-} 稳定性的高低次序。

解　本题知识要点是分子轨道理论中的键级计算。

对于双原子分子及其离子，键级越大，稳定性越高。根据分子轨道表示式计算 O_2^+ 的键级为2.5，O_2 的键级为2.0，O_2^- 的键级为1.5，O_2^{2-} 的键级为1.0，因此稳定性高低次序为：$O_2^+ > O_2 > O_2^- > O_2^{2-}$。

例 2（书后习题 S2.7）　写出下列同核双原子分子（离子）的轨道表示式，指出哪些是顺磁性的？哪些是反磁性的？

O_2、O_2^-、F_2、N_2、B_2

解　本题知识要点是分子轨道表示式以及磁性。

$O_2[(\sigma_{1s})^2(\sigma_{1s}^*)^2(\sigma_{2s})^2(\sigma_{2s}^*)^2(\sigma_{2p_x})^2(\pi_{2p_y})^2(\pi_{2p_z})^2(\pi_{2p_y}^*)^1(\pi_{2p_z}^*)^1]$，有两个成单电子，为顺磁性物质。

$O_2^-[(\sigma_{1s})^2(\sigma_{1s}^*)^2(\sigma_{2s})^2(\sigma_{2s}^*)^2(\sigma_{2p_x})^2(\pi_{2p_y})^2(\pi_{2p_z})^2(\pi_{2p_y}^*)^2(\pi_{2p_z}^*)^1]$，有一个成单电子，为顺磁性物质。

$F_2[(\sigma_{1s})^2(\sigma_{1s}^*)^2(\sigma_{2s})^2(\sigma_{2s}^*)^2(\sigma_{2p_x})^2(\pi_{2p_y})^2(\pi_{2p_z})^2(\pi_{2p_y}^*)^2(\pi_{2p_z}^*)^2]$，无成单电子，为反磁性物质。

$N_2[(\sigma_{1s})^2(\sigma_{1s}^*)^2(\sigma_{2s})^2(\sigma_{2s}^*)^2(\pi_{2p_y})^2(\pi_{2p_z})^2(\sigma_{2p_x})^2]$，无成单电子，为反磁性物质。

$B_2[(\sigma_{1s})^2(\sigma_{1s}^*)^2(\sigma_{2s})^2(\sigma_{2s}^*)^2(\pi_{2p_y})^1(\pi_{2p_z})^1]$，有两个成单电子，为顺磁性物质。

例 3　判断下列分子是否具有极性，并解释原因。

（1）Cl_2　（2）CO_2　（3）BCl_3　（4）H_2S

解　本题知识要点是键的极性、分子的空间构型与分子的极性之间的关系。

Cl_2、CO_2、BCl_3 均为非极性分子；H_2S 为极性分子。原因：Cl_2 为双原子分子，Cl—Cl 键没有极性，所以 Cl_2 也没有极性；在 CO_2 和 BCl_3 分子中，虽然都是极性键，但是它们的分子构型分别为直线形和平面三角形，键的极性相互抵消，分子为非极性分子；H_2S 的分子构型为 V 形，键的极性不能互相抵消，因此为极性分子。

例 4（书后习题 S2.19） 下列各离子分别属于哪一类电子构型（2、8、18、18+2、9～17 电子构型）？

Be^{2+}、Al^{3+}、Fe^{2+}、Pb^{2+}、Sn^{4+}、Cu^{2+}、Zn^{2+}、Ag^{+}、Mn^{2+}、Hg^{2+}、Cu^{+}、Br^{-}

解 本题知识要点为离子的电子构型。离子的电子构型为 2、8、9～17、18、18+2。

Be^{2+}：$1s^2$（外层电子排布式，下同），2 电子构型。Al^{3+}：$2s^22p^6$，8 电子构型。Fe^{2+}：$3s^23p^63d^6$，9～17 电子构型。Pb^{2+}：$5s^25p^65d^{10}6s^2$，18+2 电子构型。Sn^{4+}：$4s^24p^64d^{10}$，18 电子构型。Cu^{2+}：$3s^23p^63d^9$，9～17 电子构型。Zn^{2+}：$3s^23p^63d^{10}$，18 电子构型。Ag^{+}：$4s^24p^64d^{10}$，18 电子构型。Mn^{2+}：$3s^23p^63d^5$，9～17 电子构型。Hg^{2+}：$5s^25p^65d^{10}$，18 电子构型。Cu^{+}：$3s^23p^63d^{10}$，18 电子构型。Br^{-}：$4s^24p^6$，8 电子构型。

例 5（书后习题 S2.24） 已知下列物质熔点高低的顺序是：$NaCl>MgCl_2>AlCl_3$。此顺序为什么不可以用晶格能的相对大小来解释？试用离子极化解释。

解 本题的知识要点为：用离子极化来解释晶体的熔点高低。用晶格能判断物质的熔点高低只适用于没有离子极化的情况，即由纯离子键构成的离子型化学物的熔点比较。

三种氯化物中 NaCl 几乎没有极化作用，$MgCl_2$ 极化较弱，$AlCl_3$ 存在离子极化。比较阳离子极化能力大小的规律是电荷多、半径小，极化能力强，所以极化作用由强到弱为：$AlCl_3>MgCl_2>NaCl$。极化作用的结果是离子键向共价键过渡，熔点降低。因此熔点高低的顺序为：$NaCl>MgCl_2>AlCl_3$。

例 6 实验测得 $[Fe(CN)_6]^{3-}$ 和 $[FeF_6]^{3-}$ 的磁矩 μ/μ_B 分别为 2.25 和 5.90，推测配离子的杂化轨道类型，并判断其稳定性。

解 本题的知识要点是配位键理论、配合物的稳定性和磁性。

根据磁矩公式 $\mu=\sqrt{n(n+2)}$，可求出单电子数 n，结合中心离子的 d 电子数，可以推测出 d 电子的排布情况。Fe^{3+} 电子构型为 $3d^5$，$[Fe(CN)_6]^{3-}$ 的磁矩 $\mu/\mu_B=2.25$，得出单电子数 n 为 1。3d 轨道电子发生归并，分布为两对成对电子和一个单电子，空出的两个 3d 轨道，与能级相近的 4s、4p 空轨道形成 d^2sp^3 杂化轨道，属于内轨型配合物。

$[FeF_6]^{3-}$ 的磁矩 $\mu/\mu_B=5.9$，得单电子数 n 为 5，每个单电子占不同的 3d 轨道。因为没有空的 3d 轨道，4s、4p 空轨道只能与能量较高的 4d 空轨道进行杂化，形成 sp^3d^2 杂化，属于外轨型配合物。内轨型配合物的稳定性高于相同中心离子形成的同类型的外轨型配合物。因此 $[Fe(CN)_6]^{3-}$ 的稳定性高于 $[FeF_6]^{3-}$。

例 7（书后习题 S2.26） 已知下列两类晶体的熔点：

（1）NaF 993℃ NaCl 801℃ NaBr 747℃ NaI 661℃

（2）SiF_4 −90.2℃ $SiCl_4$ −70℃ $SiBr_4$ −5.4℃ SiI_4 120.5℃

为什么卤化钠的熔点总是比相应的卤化硅的熔点高？为什么随着从氟化物到碘化物的递变，卤化钠的熔点与卤化硅的变化不一致？

解 本题的知识要点为：由晶体类型判断熔沸点的高低次序。

NaF、NaCl、NaBr、NaI 是典型的离子晶体，而 SiF_4、$SiCl_4$、$SiBr_4$、SiI_4 是分子晶体。典型离子晶体的熔点主要根据晶格能进行判断。晶格能越大，熔点越高。比较晶格能大小的规律是：电荷越多，晶格能越大；电荷相同时，正负离子的核间距越小，晶格能越大。

NaF、NaCl、NaBr、NaI 电荷相同，从氟到碘，半径增大，晶格能减小，熔点降低。分子晶体的熔点是要比较分子间作用力的大小。SiF_4、$SiCl_4$、$SiBr_4$、SiI_4 都是非极性分子，比较色散力的大小。随着分子量的增加，色散力增加，分子间作用力增加，熔点依次升高。

例 8　比较邻硝基苯酚和对硝基苯酚的沸点，并解释原因。

解　本题的知识要点为氢键及其对物质性质的影响。

对硝基苯酚的沸点高于邻硝基苯酚。对硝基苯酚形成的是分子间氢键，而邻硝基苯酚形成的是分子内氢键。分子间氢键增加了分子间的结合力，使物质的沸点显著升高。分子内氢键的形成则降低了物质的沸点。

习题

一、选择题

1. 原子轨道沿两核连线以“肩并肩”方式进行重叠的是（　　）。

A. σ 键　　B. π 键　　C. 氢键　　D. 离子键

2. 下列分子间没有氢键的是（　　）。

A. H_3BO_3　　B. C_2H_6　　C. N_2H_4　　D. HCOOH

3. 下列属于极性键组成的极性分子的是（　　）。

A. NH_3　　B. SiF_4　　C. BF_3　　D. CO_2

4. 下列共价键的极性最小的是（　　）。

A. H—F　　B. O—F　　C. C—F　　D. Si—F

5. PCl_3 分子中，中心原子 P 采用（　　）轨道与 Cl 原子轨道重叠。

A. p_x、p_y 和 p_z 轨道　　B. 三个 sp^2 杂化轨道

C. 两个 sp 杂化轨道与一个 p 轨道　　D. 三个 sp^3 杂化轨道

6. 下列分子间作用力只含色散力的是（　　）。

A. HF～H_2O　　B. CCl_4～I_2　　C. I_2～水　　D. 汽油～H_2O

7. H_2S 分子以 sp^3 不等性杂化轨道成键，所以它的键角应该是（　　）。

A. 109.5°　　B. 小于 109.5°　　C. 180°　　D. 120°

8. 下列分子（离子）属于反磁性的是（　　）。

A. B_2　　B. N_2　　C. O_2　　D. O_2^+

9. 下列氢键中，最强的是（　　）。

A. N—H---N　　B. O—H---O　　C. F—H---F　　D. N—H---O

10. 下列分子键角最小的是（　　）。

A. BF_3　　B. CCl_4　　C. NH_3　　D. H_2O

11. 原子轨道之所以杂化，是因为杂化后的原子轨道（　　）。

A. 成键能力增强　　B. 轨道数目增加　　C. 轨道能量增加　　D. 轨道数目减少

12. 下列分子中，（　　）中有 π 键。

A. NH_3　　B. CO_2　　C. $CuCl_2$　　D. H_2O

13. 下列化合物沸点高低顺序错误的是（　　）。

A. $SiH_4>CH_4$　　B. $HBr>HCl$　　C. $H_2O>H_2S$　　D. 乙醚>乙醇

14. 下列相对稳定性高低顺序正确的是（　　）。

A. $N_2^+>N_2$　　B. $O_2>O_2^+$　　C. $O_2^->O_2$　　D. $O_2>O_2^{2-}$

15. 下列有关分子间作用力的说法正确的是（　　）。

A. 极化和变形是分子间产生作用力的根本原因，分子间作用力的大小与分子间的距离无关

B. 诱导力只存在于非极性分子与极性分子之间，在三种范德华力中通常是最小的

C. 取向力只存在于极性分子之间，偶极矩越大，取向力越大

D. 色散力只存在于非极性分子之间，色散力是分子间作用力中最主要的一种

16. 下列离子半径依次减小的顺序正确的是（　　）。

A. Cl^-、Na^+、Mg^{2+}、Al^{3+}　　B. Na^+、Mg^{2+}、Al^{3+}、Cl^-

C. Al^{3+}、Mg^{2+}、Na^+、Cl^-　　D. Cl^-、Al^{3+}、Mg^{2+}、Na^+

17. 下列物质按晶格结点上粒子间作用力大小顺序正确的是（　　）。

A. $H_2S<SiO_2<H_2O$　　B. $H_2O<H_2S<SiO_2$

C. $H_2S<H_2O<SiO_2$　　D. $H_2O<SiO_2<H_2S$

18. 下列次序错误的是（　　）。

A. 偶极矩：$NH_3>BeCl_2$　　B. 晶格能：$CaO>KF$

C. 沸点：$HBr>HCl>HF$　　D. 极化率：$I_2>Cl_2$

19. 下列结论不正确的是（　　）。

A. O_2、O_2^-、B_2 有单电子，是顺磁性的

B. F_2、N_2 无单电子，是反磁性的

C. He_2 键级为 0，故分子不存在

D. N_2 键级为 3，N_2^+ 键级为 2，故 N_2 比 N_2^+ 稳定

20. 下列结论错误的是（　　）。

A. 极化力：$Zn^{2+}>Fe^{2+}>Ca^{2+}>Na^+$

B. 熔点：$AgI>KI$

C. AgF、AgCl、AgBr、AgI 由离子键逐步向共价键过渡

D. Cu^+ 与 Cl^- 发生相互极化作用，使 CuCl 共价性成分增多，故 CuCl 在水中溶解度减小

21. 下列熔点高低顺序可用离子极化解释的是（　　）。

A. $MgO>NaF>NaCl>NaBr>NaI$

B. 石英>碘

C. $NaCl>MgCl_2>AlCl_3$

D. $SiF_4<SiCl_4<SiBr_4<SiI_4$

22. 下列物质熔点最低的是（　　）。

A. $BaCl_2$　　B. SiO_2　　C. $FeCl_3$　　D. CaO

23. 下列熔点高低顺序可用晶格能规律解释的是（　　）。

A. $KCl>AgI$　　B. $MgO>BeO$

C. $NaCl>MgCl_2>AlCl_3$　　D. $NaBr>NaI$

24. 下列比较大小错误的是（　　）。

A. 磁矩：$[MnBr_4]^{2-}$ > $[Mn(CN)_6]^{3-}$

B. 磁矩：$K_3[Fe(CN)_6]$ > $(NH_4)_2[FeF_5(H_2O)]$

C. 稳定性：$[Ni(NH_3)_4]^{2+}$ < $[Ni(CN)_4]^{2-}$

D. 稳定性：$[CoF_6]^{3-}$ < $[Co(NH_3)_6]^{3+}$

25. 下列说法错误的是（　　）。

A. $[Co(NH_3)_6]^{3+}$ 中心离子以 d^2sp^3 方式杂化，属于反磁性、外轨型配合物

B. $[CoF_6]^{3-}$ 中心离子以 sp^3d^2 方式杂化，含 4 个单电子，属于高自旋配合物

C. $[Zn(CN)_4]^{2-}$ 中心离子以 sp^3 方式杂化，正四面体结构

D. $[NiCl_4]^{2-}$ 属顺磁性、外轨型配合物，正四面体结构

二、填空题

1. I^-、Cl^-、Fe^{2+}、Zn^{2+}、Ca^{2+} 中变形性最大的是________，极化力和变形性都较大的正离子是________，属于 8 电子构型的正离子是________，属于 9～17 电子构型的是________。

2. O_2^+ 的分子轨道排布式为____________，键级为________，有________个三电子 π 键，在磁场中呈现________磁性。

3. 刚玉、石英、金刚石属于________晶体，干冰、碘属于________晶体，NaCl、MgO 属于________晶体，硬度最大的是________晶体，熔、沸点最低的是________晶体。石墨属于________型晶体，C 采取________方式杂化。

4. Zn^{2+} 属于________电子构型，Cu^{2+} 属于________电子构型。

5. 离子的极化率是________的量度。负离子的极化率一般比正离子的极化率________。正离子的电荷越多，其极化率越________，负离子的电荷越多，极化率越________。

6. Sn^{2+}、Mn^{2+}、K^+ 和 F^- 中变形性和极化力都较大的离子是________。

7. 比较下列物质的沸点高低：对苯二酚________邻苯二酚；H_3BO_3________BF_3。

8. AgCl、AgBr 和 AgI 颜色由白色、淡黄色到黄色依次加深，是由于________作用依次增加。

9. 化合物 AgCl、HgS、ZnI_2 和 $PbCl_2$ 中，正负离子间附加极化作用最强的是________。

10. 配合物 $[Ni(NH_3)_4]^{2+}$ 的磁矩大于零，$[Ni(CN)_4]^{2-}$ 的磁矩等于零，可推出形成体的杂化方式分别为________和________，配合物的空间构型分别为________和________。

11. CO_2 和 SiO_2 的熔点相差很大，是因为二者________结构不同。CO_2 是________晶体，而 SiO_2 是________晶体。

12. 比较熔点大小：

（1）NaF________MgO　　（2）MgO________BaO

（3）NaCl________AgCl　　（4）$FeCl_2$________$FeCl_3$

13. 在 NH_3、HF、C_2H_5OH 和 HCHO 分子中，不能形成氢键的是________。

14. 比较下列离子的半径大小：

(1) Na^{+} ________ Mg^{2+}　　　(2) Cl^{-} ________ I^{-}

(3) F^{-} ________ Na^{+}　　　(4) Fe^{3+} ________ Fe^{2+}

15. 比较大小：

(1) 磁矩：$[Ni(NH_3)_4]^{2+}$ ________ $[CoCl_4]^{2-}$；$[Cu(H_2O)_4]^{2+}$ ________ $[Zn(NH_3)_4]^{2+}$。

(2) 稳定性：$[Co(NH_3)_6]^{3+}$ ________ $[Co(NH_3)_6]^{2+}$；$[Cu(NH_3)_4]^{2+}$ ________ $[Cu(en)_2]^{2+}$。

三、简答题

1. 铜是日常生活中常见的金属，请结合所学知识判断其为何种晶体，并且简述该种晶体的特点以及三种典型实例。

2. 气体单质的反应活性直接影响着其在工业生产和科学研究中的应用。请结合分子轨道理论分析氮气反应活性低，常被用作惰性气体的原因。

3. 从分子间作用力的角度解释 I_2 易溶于 CCl_4。

4. 试用离子极化理论解释 KI 易溶于水而 AgI 难溶于水。

5. 写出 H_2、Li_2、B_2 和 C_2 的分子轨道表示式，并计算键级。

6. 试从离子极化角度解释 AgF、AgCl、AgBr、AgI 在水中溶解度依次减小的原因。

7. 判断下列物质的熔点高低，并解释原因。

(1) MgO 和 KCl；

(2) NaF、NaCl、NaBr、NaI。

8. 实验测得下列配合物的磁矩 μ/μ_B 如下：

$[Zn(NH_3)_4]^{2+}$ $(\mu/\mu_B=0)$；$[Ni(NH_3)_4]^{2+}$ $(\mu/\mu_B=3.11)$；

$[CoF_6]^{3-}$ $(\mu/\mu_B=5.26)$；$[Fe(CN)_6]^{4-}$ $(\mu/\mu_B=0)$

试推测中心离子的杂化轨道类型、未成对电子数、配离子的空间构型，判断哪个是内轨型，哪个是外轨型？

习题答案

一、选择题

1. B　2. B　3. A　4. B　5. D
6. B　7. B　8. B　9. C　10. D
11. A　12. B　13. D　14. D　15. C
16. A　17. C　18. C　19. D　20. B
21. C　22. C　23. D　24. B　25. A

二、填空题

1. I^-；Zn^{2+}；Ca^{2+}；Fe^{2+}
2. $[(\sigma_{1s})^2(\sigma_{1s}^*)^2(\sigma_{2s})^2(\sigma_{2s}^*)^2(\sigma_{2p_x})^2(\pi_{2p_y})^2(\pi_{2p_z})^2(\pi_{2p_y}^*)^1]$；2.5；1；顺
3. 原子；分子；离子；原子；分子；混合键；sp^2
4. 18；9～17
5. 变形性；大；小；大
6. Sn^{2+}
7. >；>
8. 离子相互极化
9. HgS
10. sp^3 杂化；dsp^2 杂化；四面体；平面正方形
11. 晶体；分子；原子
12. <；>；>；>
13. HCHO
14. >；<；>；<
15. <；>；>；<

三、简答题

1. 铜是金属晶体。金属晶体大多数具有较高的熔点和较大的硬度，也有部分金属晶体熔点较低。金属晶体具有良好的导电性、导热性和延展性，有金属光泽、不透明性等特性。金、银、铁均属于金属晶体。

2. $N_2[(\sigma_{1s})^2(\sigma_{1s}^*)^2(\sigma_{2s})^2(\sigma_{2s}^*)^2(\pi_{2p_y})^2(\pi_{2p_z})^2(\sigma_{2p_x})^2]$。根据分子轨道排布式可知，其在成键轨道上的电子远多于在反键轨道上的电子，由键级公式计算可得键级等于 3，分子总能量很低，因此氮气分子具有特殊的稳定性，可以用作惰性气体。

3. I_2 易溶于 CCl_4 可以用相似相溶原理解释。I_2 和 CCl_4 都是非极性分子，I_2 分子与 CCl_4 分子之间的色散力较大，故 I_2 易溶于 CCl_4。

4. K^+ 为 8 电子构型，Ag^+ 为 18 电子构型。18 电子构型的极化力和变形性都很强，均大于 8 电子构型。Ag^+ 与变形性大的 I^- 之间的相互极化作用很强，AgI 为共价化合物，故在水中溶解度很小。KI 为离子化合物，在水中溶解度大。

5. $H_2[(\sigma_{1s})^2]$ 键级＝1；

$Li_2[(\sigma_{1s})^2(\sigma_{1s}^*)^2(\sigma_{2s})^2]$ 键级＝1；

$B_2[(\sigma_{1s})^2(\sigma_{1s}^*)^2(\sigma_{2s})^2(\sigma_{2s}^*)^2(\pi_{2p_y})^1(\pi_{2p_z})^1]$ 键级＝1；

$C_2[(\sigma_{1s})^2(\sigma_{1s}^*)^2(\sigma_{2s})^2(\sigma_{2s}^*)^2(\pi_{2p_y})^2(\pi_{2p_z})^2]$ 键级＝2。

6. AgF、AgCl、AgBr、AgI 在水中溶解度依次减小，这是因为从 F^- 到 I^- 半径依次增加，变形性也随之增大，正负离子相互极化作用增强，卤化物共价成分依次增加，因此在水中的溶解度递减。

7. (1) 熔点 MgO＞KCl。MgO 和 KCl 均为离子晶体，晶格能越大，正负离子键结合力越大，熔点越高。MgO 的正负离子所带电荷为＋2 和－2，KCl 正负离子所带电荷为＋1 和－1。正负离子的电荷越多，晶格能越大。因此 MgO 的晶格能大于 KCl，故熔点 MgO＞KCl。

(2) 熔点 NaF＞NaCl＞NaBr＞NaI。NaF、NaCl、NaBr、NaI 是典型的离子晶体。晶格能越大，正负离子键结合力越大，熔点越高。NaF、NaCl、NaBr、NaI 正负离子电荷均为＋1 和－1，从 F^- 到 I^-，半径增大，晶格能减小，熔点依次降低。

8. $[Zn(NH_3)_4]^{2+}$，sp^3 杂化，未成对电子数为 0，四面体，外轨型；

$[Ni(NH_3)_4]^{2+}$，sp^3 杂化，未成对电子数为 2，四面体，外轨型；

$[CoF_6]^{3-}$，sp^3d^2 杂化，未成对电子数为 4，八面体，外轨型；

$[Fe(CN)_6]^{4-}$，d^2sp^3 杂化，未成对电子数为 0，八面体，内轨型。

第 10 章

主族元素选论

学习要求

① 掌握碱金属、碱土金属单质和重要化合物（氧化物、氢氧化物等）的典型性质；熟悉卤素、氧、硫、氮族元素、碳、硅、锡、铅、硼、铝的单质和重要化合物（氧化物、卤化物、氢化物、硫化物、氢氧化物、含氧酸及其盐等）的性质。

② 根据元素原子价层电子构型，可把元素周期表分成五个区域：s 区（ⅠA、ⅡA），p 区（ⅢA～ⅦA、0 族），d 区（ⅢB～ⅦB、Ⅷ），ds 区（ⅠB、ⅡB），f 区（镧系、锕系）。本章主要讨论 s 区、p 区一些主要元素及其化合物的性质。

③ 理解元素酸碱性、氧化还原性在周期表中的变化规律，会判断一般化学反应的产物，并能正确书写反应方程式；熟悉常见阴离子的鉴定方法。

④ 学习元素化学时，要以周期表为主线，应用原子结构理论和元素周期律来理解、掌握各种元素的共性和个性，把结构和性质、性质与制备方法及其用途联系起来。

学习要点

1. s 区元素

① 掌握 s 区元素电子构型与其性质变化规律间的关系。

② 掌握 s 区元素氧化物的类型和性质。

③ 掌握 s 区元素氢氧化物碱性强度的变化规律，重要盐类的溶解性质及含氧酸盐的热稳定性。

④ 了解对角线规则。

⑤ 了解软硬水的概念及硬水的处理方法。

2. p 区元素

（1） 硼、铝

① 了解硼单质的结构和性质。

② 熟悉硼的缺电子性及缺电子化合物。

③ 掌握硼酸、硼砂的性质。

④ 熟悉铝的氧化物、氢氧化物及铝盐的性质。

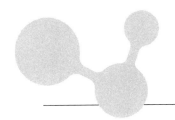

(2) 碳、硅、锡、铅

① 了解碳族元素的通性。

② 掌握碳、硅的氧化物，含氧酸及其盐的性质。

③ 掌握惰性电子对效应。

④ 了解锡和铅的氧化物、氢氧化物的酸碱性变化规律。

⑤ 熟悉 Sn(Ⅱ)的还原性及 Pb(Ⅳ)的氧化性。

(3) 氮族元素

① 了解氮族元素的通性。

② 掌握氨、铵盐、氮的氧化物、硝酸和亚硝酸及其盐的性质。

③ 了解磷单质、磷的氧化物的性质。

④ 熟悉磷酸的性质，能正确判断磷酸盐的酸碱性。

⑤ 掌握铋(Ⅴ)的氧化性。

(4) 氧、硫

① 了解氧族元素的通性。

② 掌握过氧化氢、硫化氢的结构和性质。

③ 熟悉金属硫化物按溶解性的分类。

④ 掌握重要的硫的含氧酸及其盐的性质。

(5) 卤素

① 了解卤族元素的通性。

② 熟悉卤素单质及其负离子的氧化还原性质的变化规律。

③ 掌握卤化氢的酸性、还原性等性质的变化规律。

④ 熟悉卤化氢的制备方法。

⑤ 掌握卤素含氧酸及其盐的稳定性、酸性、氧化性的变化规律。

⑥ 掌握 ROH 规则及运用。

典型例题

例 1 试从结构观点解释对角线规则，并举一例。

解 在周期表中，s 区元素与 p 区元素除了同族元素的性质相似外，还有一些元素及其化合物的性质与它左上方或右下方的元素具有相似性，这种相似性称为对角线规则。它涉及三对元素：Li-Mg，Be-Al，B-Si。

对角线规则是人们从有关元素及其化合物的许多性质中总结出的一条经验规律，它可以用离子极化的观点加以粗略地说明，离子极化的大小与离子的电荷、半径和电子层结构有关。从结构观点来看，同一周期最外层电子构型相同的金属离子，从左到右，离子电荷数增加，极化作用也增强；同一族电荷数相同的金属离子，自上而下，离子半径增大，极化作用减弱。因此，处于周期表左上右下对角线位置上的邻近两个元素，由于电荷数和半径的影响恰好相反，它们的离子极化作用比较相近，从而使它们的化学性质有许多相似之处，由此反映出物质结构与性质的内在联系。例如 Li-Mg 在性质上表现出许多相似性。

① 锂和镁的燃烧产物都是普通氧化物。

② 锂和镁的氟化物、磷酸盐、碳酸盐都难溶。

③ 锂和镁的氢氧化物皆为中强碱，且在水中的溶解度都不大。

④ 锂和镁的化合物都具有一定的共价性。

⑤ 锂和镁的离子都有很大的水合能。

例 2 为什么硼的最简单氢化物是 B_2H_6 而不是 BH_3？为何其卤化物却能以 BX_3 形式存在？

解 按照硼原子的结构，它的最简单氢化物似应为 BH_3，但并不存在这样简单的硼氢化物。实际上能存在的是 B_2H_6。这是由硼原子缺电子性质决定的。如果 BH_3 存在，则硼还有一个空的 2p 轨道没有参与成键，该轨道用来成键将会使体系的能量进一步降低，故从能量上讲，BH_3 是不稳定体系。

在 B_2H_6 分子中两个 B 原子除分别与两个 H 原子形成共价键外，分子内还存在两个 B—H—B 的三中心二电子键，这是缺电子原子形成的一种特殊形式的化学键——氢桥键。在 B_2H_6 中，B 原子的所有价轨道都用来成键，分子的总键能比两个 BH_3 的总键能大，故 B_2H_6 比 BH_3 稳定，所以 B_2H_6 可以稳定存在。

BX_3 与 BH_3 不同，在 BX_3 中，B 原子以 sp^2 杂化，每条杂化轨道与卤素原子形成 σ 键后，垂直于分子平面，B 原子还有一个空的 p 轨道。三个卤素原子各有一个充满电子的 p 轨道，四个 p 轨道相互重叠形成四中心六电子的离域键（π_4^6）。大 π 键的形成，使 BX_3 获得了额外的稳定性，故 BX_3 可稳定存在；而 BH_3 中 H 则无充满电子的 p 轨道，因而无法生成离域 π 键。

例 3 如何说明碳酸、酸式碳酸盐、碳酸盐的热稳定性顺序？此规律对其他含氧酸盐是否成立？

解 对比碳酸、碳酸氢盐和碳酸盐的热稳定性，发现其稳定次序为：$H_2CO_3 < MHCO_3 < M_2CO_3$。

上述事实可用离子极化的观点来说明。当没有外电场影响时，CO_3^{2-} 中 3 个 O^{2-} 已被 C^{4+} 所极化而变形；金属离子可以看成是外电场，只极化邻近一个 O^{2-}。由于金属离子极化的偶极方向与 C^{4+} 对 O^{2-} 极化所产生的偶极方向相反，所以这个 O^{2-} 原来的偶极距缩小，从而削弱了碳氧间的键，这种作用叫作反极化作用，最后导致碳酸根的破裂，分解成 MO 和 CO_2。显然，金属离子的极化力越强，它对碳酸根的反极化作用也越强烈，碳酸盐也就越不稳定。至于 H^+，虽然只具有一个正电荷，但由于它的半径很小，电场强度大，所以极化力强，又由于它的半径很小，外层没有电子，可以钻入 CO_3^{2-} 的 O^{2-} 中，更加削弱 C^{4+} 与 O^{2-} 间的联系，所以 H^+ 的反极化作用较金属的强。因而，含一个 H 的 $NaHCO_3$ 比不含 H 的 Na_2CO_3 易分解，而含两个 H 的 H_2CO_3 则更易分解。

其他含氧酸及其盐的稳定性也可以用类似的方法说明。

例 4 如何制备卤素单质？哪种单质制备时较困难？为什么？

解 自然界中卤素单质是以阴离子形式存在于化合物中的，可通过氧化法制备单质：

$$2X^- - 2e^- \longrightarrow X_2$$

工业上用电解法制取 F^- 和 Cl_2：

① 电解熔融 KHF_2 和 HF 的混合物，在阳极上得到 F_2。

$$2KHF_2(\text{熔融}) \xlongequal{\text{电解}} 2KF + H_2 + F_2$$

② 用石墨作电极，电解饱和 NaCl 水溶液，在阳极上得到 Cl_2。

$$2NaCl + 2H_2O \xlongequal{\text{电解}} 2NaOH + H_2 + Cl_2$$

实验室中制取单质，除 F_2 外，其他卤素单质都可用氧化剂如 MnO_2 等使卤化物氧化成卤素单质，如：

$$2NaX + MnO_2 + 2H_2SO_4 = Na_2SO_4 + MnSO_4 + 2H_2O + X_2$$

制备 F_2 较为困难。因为对 F^- 来讲，用一般的氧化剂是不能使其氧化的。因此一个多世纪来，制备 F_2 一直用电解法。化学家一直试图用化学法制取 F_2，但都相继失败。直至1986 年，经化学家 K. Christe 的努力，终于获得成功，他设计的反应如下：

$$2KMnO_4 + 2KF + 10HF + 3H_2O_2 = 2K_2MnF_6 + 3O_2\uparrow + 8H_2O$$

$$SbCl_5 + 5HF = SbF_5 + 5HCl$$

$$2K_2MnF_6 + 4SbF_5 \xlongequal{150℃} 4KSbF_6 + 2MnF_3 + F_2$$

例 5 举例说明 H_2O_2 的一些主要性质及用途。

解 H_2O_2 很不稳定，容易分解，具有氧化性、还原性及弱酸性，举例如下：

① 不稳定性。纯的过氧化氢溶液较稳定些，但光照、加热、加碱、加金属离子（Mn^{2+}、Cr^{3+}、Fe^{3+} 等）均会加速 H_2O_2 的分解。

$$2H_2O_2 = 2H_2O + O_2\uparrow$$

② 氧化还原性。在 H_2O_2 分子中氧的氧化值为-1，处于中间价态，所以它既具有氧化性，又具有还原性，例如：

$$H_2O_2 + H_2S = S\downarrow + 2H_2O$$

$$2MnO_4^- + 5H_2O_2 + 6H^+ = 2Mn^{2+} + 5O_2\uparrow + 8H_2O$$

但 H_2O_2 主要表现为氧化性。

③ 弱酸性。过氧化氢是一种二元弱酸，能与一些碱反应：

$$H_2O_2 + Ba(OH)_2 = BaO_2 + 2H_2O$$

在实验室中、医药上或工业上，都利用 H_2O_2 的氧化性而作为氧化剂、漂白剂和消毒杀菌剂。若 H_2O_2 用作氧化剂，反应后生成水，多余的 H_2O_2 受热又能分解成水和氧，以使反应体系不引入任何杂质。

习题

一、选择题

1. 下列各对元素中，化学性质最相似的是（　　）。

A. Be 与 Mg　　B. Mg 与 Al　　C. Li 与 Be　　D. Be 与 Al

2. 下列元素中，第一电离能最小的是（　　）。

A. Li　　B. Be　　C. Na　　D. Mg

3. 下列各元素中最有可能形成共价化合物的是（　　）。

A. Li　　B. Ca　　C. Na　　D. Mg

4. 下列各元素中密度最小的固态元素是（　　）。

A. Li　　B. Ca　　C. Na　　D. Mg

5. 制备 F_2 实际所采用的方法是（　　）。

A. 电解 HF　　B. 电解 CaF_2　　C. 电解 KHF_2　　D. 电解 NH_4F

6. 实验室制备气体 Cl_2 的最常用的方法是（　　）。

A. $KMnO_4$ 与浓盐酸共热　　B. MnO_2 与浓盐酸共热

C. $KMnO_4$ 与稀盐酸反应　　D. MnO_2 与稀盐酸反应

7. 实验室制取少量 HBr 所采用的方法是（　　）。

A. 红磷与 Br_2 混合后滴加 H_2O　　B. 红磷与 H_2O 混合后滴加 Br_2

C. KBr 固体与浓 H_2SO_4 作用　　D. Br_2 在水中发生歧化反应

8. 欲由固体 KBr 制备 HBr 气体，应选择的酸是（　　）。

A. 硫酸　　B. 醋酸　　C. 硝酸　　D. 磷酸

9. 氢氟酸最好储存在（　　）中。

A. 塑料瓶　　B. 无色玻璃瓶　　C. 棕色玻璃瓶　　D. 金属容器

10. 下列含氧酸酸性最弱的是（　　）。

A. HIO　　B. HClO　　C. HBrO　　D. HIO_3

11. 下列排列顺序中，符合氢卤酸酸性递增顺序的是（　　）。

A. HI，HBr，HCl，HF　　B. HF，HCl，HBr，HI

C. HBr，HCl，HF，HI　　D. HCl，HF，HI，HBr

12. 下列排列顺序中，符合氢卤酸热稳定性递减顺序的是（　　）。

A. HI，HBr，HCl，HF　　B. HF，HCl，HBr，HI

C. HBr，HI，HF，HCl　　D. HCl，HBr，HI，HF

13. 下列说法正确的是（　　）。

A. O_3 比 O_2 稳定性差　　B. O_3 是非极性分子

C. O_3 是顺磁性的　　D. O_3 比 O_2 氧化性强

14. 下列说法中不正确的是（　　）。

A. H_2O_2 分子呈直线形　　B. H_2O_2 既有氧化性又有还原性

C. H_2O_2 与 $K_2Cr_2O_7$ 的酸性溶液反应生成 $CrO(O_2)_2$

D. H_2O_2 是弱酸

15. 加热分解可以得到金属单质的是（　　）。

A. $Hg(NO_3)_2$　　B. $Cu(NO_3)_2$　　C. KNO_3　　D. $Mg(NO_3)_2$

16. NH_4NO_3 受热分解的产物为（　　）。

A. NH_3+HNO_3　　B. N_2+H_2O　　C. $NO+H_2O$　　D. N_2O+H_2O

17. 可与 $FeSO_4$ 和浓 H_2SO_4 发生棕色环反应的是（　　）。

A. $NaNH_2$　　B. $NaNO_2$　　C. $NaNO_3$　　D. NaN_3

18. 下列碳酸盐和碳酸氢盐中，热稳定性顺序正确的是（　　）。

A. $NaHCO_3<BaCO_3<Na_2CO_3$　　B. $Na_2CO_3<NaHCO_3<BaCO_3$

C. $BaCO_3<NaHCO_3<Na_2CO_3$　　D. $NaHCO_3<Na_2CO_3<BaCO_3$

19. 下列理论能解释碳酸盐热稳定性变化规律的是（　　）。

A. 分子轨道理论　　B. 晶体场理论　　C. 离子极化理论　　D. 价键理论

20. 以下有关硼烷的说法不正确的是（　　）。

A. BH_3 是最简单的硼烷　　B. 乙硼烷中，两个硼原子靠氢桥键结合

C. 乙硼烷是最简单的硼烷　　D. 乙硼烷遇水发生水解，产物有氢气

21. 下列硼烷在室温中呈气态的是（　　）。

A. B_5H_9 B. B_4H_{10} C. B_5H_{11} D. B_6H_{10}

22. 下列化合物中属于缺电子化合物的是（　　）。

A. BCl_3 B. $H[BF_4]$ C. B_2H_6 D. $Na[Al(OH)_4]$

二、填空题

1. 某化合物 A 能溶于水，在溶液中加入 K_2SO_4 时有不溶于酸的白色沉淀 B 生成并得到溶液 C。在溶液 C 中加入 $AgNO_3$ 不发生反应，但 C 可与 I_2 反应，产生有刺激性气味的黄绿色气体 D 和溶液 E。将气体 D 通入 KI 溶液中，有棕色溶液 F 生成。当加入 CCl_4 于溶液 F 中时，在 CCl_4 层中显紫红色，而水溶液中的颜色变浅。若在这水溶液中加入 $AgNO_3$，则有黄色沉淀 G 生成。则 A 是______，B 是______，C 是______，D 是______，E 是______，F 是______，G 是______。

2. 有白色的钠盐晶体 A 和 B。A 和 B 均溶于水，A 的水溶液为中性，B 的水溶液为碱性。A 溶液与 $AgNO_3$ 溶液作用，有黄色沉淀析出。晶体 B 与浓盐酸反应有黄绿色刺激性气体生成，此气体同冷 NaOH 溶液作用，可得到含 B 的溶液，向溶液 A 中滴加 B 溶液时，溶液又变成红棕色，若继续加过量的 B 溶液，溶液又变成无色。判断 A 是______，B 是______。

3. 将白色固体 A 加热，得到白色固体 B 和无色气体，将气体通入 $Ca(OH)_2$ 饱和溶液中得到白色固体 C。如果将少量 B 加入水中，所得 B 溶液呈碱性。B 的水溶液被盐酸中和后，经蒸发干燥得白色固体 D，用 D 做焰色反应，火焰颜色为绿色。如果 B 的水溶液与 H_2SO_4 反应，可得白色沉淀 E，E 不溶于盐酸。A 是______，B 是______，C 是______，D 是______，E 是______。

4. 有一种白色固体 A，加入油状无色液体 B，可得紫黑色固体 C。C 微溶于水，加入 A 后溶解度增大，成棕色溶液 D。将 D 分成两份，一份中加入一种无色溶液 E，另一份通入气体 F，都变成无色透明溶液。E 溶液遇盐酸变为乳白色浑浊液。将气体 F 通入溶液 E，在所得的溶液中加入 $BaCl_2$ 溶液，有白色沉淀生成，该沉淀物不溶于 HNO_3。A 是______，B 是______，C 是______，D 是______，E 是______，F 是______。

5. 固体 A 难溶于水和盐酸，但溶于稀硝酸得无色溶液 B 和无色气体 C，C 在空气中变为红棕色气体。在溶液 B 中加入盐酸，产生白色沉淀 D。D 难溶于氨水，但与 H_2S 反应可得黑色沉淀 E 和溶液 F。E 溶于硝酸可产生无色气体 C、浅黄色沉淀 G 和溶液 B。A 是______，B 是______，C 是______，D 是______，E 是______，F 是______，G 是______。

6. 将橙红色晶体 A 溶于水后通入 SO_2 得绿色溶液 B。向 B 中加入过量 NaOH 溶液得绿色溶液 C。向 C 中加 H_2O_2 得黄色溶液 D。将 D 酸化至弱酸性后加入 $Pb(NO_3)_2$ 有黄色沉淀 E 生成。A 是______，B 是______，C 是______，D 是______，E 是______。

三、完成下列方程式

1. $2Na+O_2 =\!=\!=$
2. $Na_2O_2+2H_2O =\!=\!=$
3. $2Na_2O_2+2CO_2 =\!=\!=$
4. $K+O_2 =\!=\!=$
5. $2KO_2+2H_2O =\!=\!=$
6. $4KO_2+2CO_2 =\!=\!=$

7. $2NaOH + SiO_2 =\!=\!=$

8. $2KClO_3 \xrightarrow[200℃]{MnO_2}$

9. $PCl_5 + 4H_2O =\!=\!=$

10. $B_2H_6(g) + 3O_2 =\!=\!=$

11. $H_3BO_3 + H_2O =\!=\!=$

12. $2Al^{3+} + 3S^{2-} + 6H_2O =\!=\!=$

13. $2Fe^{3+} + 3CO_3^{2-} + 3H_2O =\!=\!=$

14. $2Cu^{2+} + 2CO_3^{2-} + H_2O =\!=\!=$

15. $SiO_2 + 4HF =\!=\!=$

16. $PbO_2 + 4HCl$（浓）$=\!=\!=$

17. $2Mn^{2+} + 5PbO_2 + 4H^+ =\!=\!=$

18. $NH_4HCO_3 \xrightarrow{\triangle}$

19. $NH_4Cl \xrightarrow{\triangle}$

20. $2NO_2^- + 2I^- + 4H^+ =\!=\!=$

21. $5NO_2^- + 2MnO_4^- + 6H^+ =\!=\!=$

22. $3C + 4HNO_3 =\!=\!=$

23. $Cu + 4HNO_3$（浓）$=\!=\!=$

24. $3Cu + 8HNO_3$（稀）$=\!=\!=$

25. $2Pb(NO_3)_2 \xrightarrow{\triangle}$

26. $BiCl_3 + H_2O \rightleftharpoons$

27. $2Mn^{2+} + 5NaBiO_3 + 14H^+ =\!=\!=$

28. $H_2O_2 + 2I^- + 2H^+ =\!=\!=$

29. $CH_3CSNH_2 + 2H_2O \rightleftharpoons$

30. $PbS + 4HCl =\!=\!=$

31. $3CuS + 8HNO_3 =\!=\!=$

32. $3HgS + 2HNO_3 + 12HCl =\!=\!=$

33. $2H_2S + H_2SO_3 =\!=\!=$

34. $S_2O_3^{2-} + 2H^+ \xrightarrow{\triangle}$

35. $2S_2O_3^{2-} + I_2 =\!=\!=$

36. $I_2 + I^- \rightleftharpoons$

37. $2HBr + H_2SO_4$（浓）$=\!=\!=$

38. $8HI + H_2SO_4$（浓）$=\!=\!=$

39. $Cl_2 + 2NaOH =\!=\!=$

40. $3Cl_2 + 6KOH =\!=\!=$

41. $ClO_3^- + 6I^- + 6H^+ =\!=\!=$

42. $2HClO_3 + I_2 =\!=\!=$

习题答案

一、选择题

1. D	2. C	3. A	4. A	5. C
6. B	7. A	8. D	9. A	10. A
11. B	12. B	13. AD	14. A	15. A
16. D	17. C	18. A	19. B	20. A
21. B	22. C			

二、填空题

1. $Ba(ClO_3)$；$BaSO_4$；$KClO_3$；Cl_2；KIO_3；KI_3；AgI
2. NaI；NaClO
3. $BaCO_3$；BaO；$CaCO_3$；$BaCl_2$；$BaSO_4$
4. KI；H_2SO_4；I_2；KI_3；$Na_2S_2O_3$；Cl_2
5. Pb；$PbNO_3$；NO；$PbCl_2$；PbS；HCl；S
6. K_2CrO_7；Cr^{3+}；$Cr(OH)_4^-$；CrO_4^{2-}；$PbCrO_4$

三、完成下列方程式

1. $2Na+O_2 = Na_2O_2$
2. $Na_2O_2+2H_2O = 2NaOH+H_2O_2$
3. $2Na_2O_2+2CO_2 = 2Na_2CO_3+O_2\uparrow$
4. $K+O_2 = KO_2$
5. $2KO_2+2H_2O = 2KOH+H_2O_2+O_2\uparrow$
6. $4KO_2+2CO_2 = 2K_2CO_3+3O_2\uparrow$
7. $2NaOH+SiO_2 = Na_2SiO_3+H_2O$
8. $2KClO_3 \xlongequal[200℃]{MnO_2} 2KCl+3O_2\uparrow$
9. $PCl_5+4H_2O = H_3PO_4+5HCl$
10. $B_2H_6(g)+3O_2 = B_2O_3(s)+3H_2O(g)$
11. $H_3BO_3+H_2O = [B(OH)_4]^-+H^+$
12. $2Al^{3+}+3S^{2-}+6H_2O = 2Al(OH)_3\downarrow+3H_2S\uparrow$
13. $2Fe^{3+}+3CO_3^{2-}+3H_2O = 2Fe(OH)_3\downarrow+3CO_2\uparrow$
14. $2Cu^{2+}+2CO_3^{2-}+H_2O = Cu_2(OH)_2CO_3\downarrow+CO_2\uparrow$
15. $SiO_2+4HF = SiF_4\uparrow+2H_2O$
16. PbO_2+4HCl（浓）$= PbCl_2+Cl_2\uparrow+2H_2O$
17. $2Mn^{2+}+5PbO_2+4H^+ = 2MnO_4^-+5Pb^{2+}+2H_2O$
18. $NH_4HCO_3 \xlongequal{\triangle} NH_3\uparrow+CO_2\uparrow+H_2O$

19. $NH_4Cl \xlongequal{\triangle} NH_3\uparrow + HCl\uparrow$

20. $2NO_2^- + 2I^- + 4H^+ \xlongequal{} 2NO\uparrow + I_2 + 2H_2O$

21. $5NO_2^- + 2MnO_4^- + 6H^+ \xlongequal{} 5NO_3^- + 2Mn^{2+} + 3H_2O$

22. $3C + 4HNO_3 \xlongequal{} 3CO_2\uparrow + 4NO\uparrow + 2H_2O$

23. $Cu + 4HNO_3$(浓) $\xlongequal{} Cu(NO_3)_2 + 2NO_2\uparrow + 2H_2O$

24. $3Cu + 8HNO_3$(稀) $\xlongequal{} 3Cu(NO_3)_2 + 2NO\uparrow + 4H_2O$

25. $2Pb(NO_3)_2 \xlongequal{\triangle} 2PbO + 4NO_2\uparrow + O_2\uparrow$

26. $BiCl_3 + H_2O \rightleftharpoons BiOCl\downarrow + 2HCl$

27. $2Mn^{2+} + 5NaBiO_3 + 14H^+ \xlongequal{} 2MnO_4^- + 5Bi^{3+} + 5Na^+ + 7H_2O$

28. $H_2O_2 + 2I^- + 2H^+ \xlongequal{} I_2 + 2H_2O$

29. $CH_3CSNH_2 + 2H_2O \rightleftharpoons CH_3COO^- + NH_4^+ + H_2S\uparrow$

30. $PbS + 4HCl \xlongequal{} H_2[PbCl_4] + H_2S\uparrow$

31. $3CuS + 8HNO_3 \xlongequal{} 3Cu(NO_3)_2 + 3S\downarrow + 2NO\uparrow + 4H_2O$

32. $3HgS + 2HNO_3 + 12HCl \xlongequal{} 3H_2[HgCl_4] + 3S\downarrow + 2NO\uparrow + 4H_2O$

33. $2H_2S + H_2SO_3 \xlongequal{} 3S\downarrow + 3H_2O$

34. $S_2O_3^{2-} + 2H^+ \xlongequal{\triangle} S\downarrow + SO_2\uparrow + H_2O$

35. $2S_2O_3^{2-} + I_2 \xlongequal{} S_4O_6^{2-} + 2I^-$

36. $I_2 + I^- \rightleftharpoons I_3^-$

37. $2HBr + H_2SO_4$(浓) $\xlongequal{} SO_2\uparrow + Br_2 + 2H_2O$

38. $8HI + H_2SO_4$(浓) $\xlongequal{} H_2S\uparrow + 4I_2 + 4H_2O$

39. $Cl_2 + 2NaOH \xlongequal{} NaClO + NaCl + H_2O$

40. $3Cl_2 + 6KOH \xlongequal{} 5KCl + KClO_3 + 3H_2O$

41. $ClO_3^- + 6I^- + 6H^+ \xlongequal{} 3I_2 + Cl^- + 3H_2O$

42. $2HClO_3 + I_2 \xlongequal{} 2HIO_3 + Cl_2\uparrow$

第 11 章

副族元素选论

学习要求

① 掌握过渡元素的通性，ds、d 区常见主要元素，特别是主要离子、化合物、配合物的典型性质以及某些性质的变化规律；掌握常见金属离子的鉴定。

② 侧重学习铬、锰、铁、钴、镍、铜、银、锌、镉、汞这些过渡元素的单质、重要化合物、配合物的典型性质。

③ 会判断一般化学反应的产物，并能正确书写反应方程式；了解定性分析的基本概念、鉴定反应条件、灵敏度与选择性、系统分析与分别分析、空白试验与对照试验；熟悉过渡元素中常见金属离子的个别鉴定及分离。

④ 了解反应达到化学平衡的特征，理解化学平衡的概念，能够准确写出化学平衡常数表达式，掌握平衡常数的有关计算；掌握化学平衡的移动规律，以及化学平衡移动后平衡组分的有关计算。

学习要点

1. 过渡元素

周期表中ⅢB～ⅡB 族元素总称为过渡元素，这些元素位于周期表的中部。

周期	ⅢB	ⅣB	ⅤB	ⅥB	ⅦB	Ⅷ			ⅠB	ⅡB
4	Sc	Ti	V	Cr	Mn	Fe	Co	Ni	Cu	Zn
5	Y	Zr	Nb	Mo	Tc	Ru	Rh	Pd	Ag	Cd
6	La～Lu	Hf	Ta	W	Re	Os	Ir	Pt	Au	Hg
7	Ac～Lr	Rf	Db	Sg	Bh	Hs	Mt	Ds	Rg	Cn

它们从左向右依次是：钪副族、钛副族、钒副族、铬副族、锰副族、Ⅷ族元素，铜副族和锌副族元素。其中Ⅷ族的九种元素在性质上横向比纵向更为相似，故按横向分为铁系（Fe、Co、Ni）和铂系（Ru、Rh、Pd、Os、Ir、Pt）。

过渡元素中共有 30 多个元素。通常又把过渡元素分成第一过渡系（从钪到锌），第二过渡系（从钇到镉）和第三过渡系（从镧到汞，不包括镧系元素）。第一过渡系的元素及其化合物应用较广，并具有一定的代表性，本章重点介绍第一过渡元素。

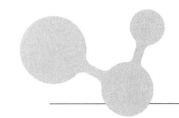

2. 铬、锰

① 掌握 Cr(Ⅲ)化合物的酸碱性、溶解性及还原性。
② 掌握 Cr(Ⅵ)化合物的酸碱性、溶解性及氧化性。
③ 了解 Cr(Ⅲ)与 Cr(Ⅵ)的相互转化。
④ 掌握 Mn(Ⅱ)化合物的还原性。
⑤ 掌握 Mn(Ⅳ)化合物的氧化性和热稳定性。
⑥ 熟悉 Mn(Ⅶ)化合物的氧化性和还原产物。

3. 铁、钴、镍

① 掌握铁、钴、镍的+2、+3 氧化态稳定性变化规律。
② 掌握铁、钴、镍氧化物与氢氧化物的酸碱性、氧化还原性。
③ 了解铁、钴、镍盐类的水解性、氧化还原性。
④ 熟悉铁、钴、镍的主要配合物。

4. 铜、银

① 了解 ds 区元素的通性。
② 掌握铜、银化合物的热稳定性。
③ 熟悉铜(Ⅰ)与铜(Ⅱ)的相互转化。
④ 掌握铜、银的主要化合物。

5. 锌、镉、汞

① 了解锌族元素氧化物与氢氧化物的酸碱性、稳定性。
② 熟悉汞(Ⅰ)与汞(Ⅱ)的相互转化。
③ 掌握锌族元素的主要配合物。

6. 常见阳离子的鉴定

① 了解定性反应进行的条件。
② 了解 H_2S 系统分析法和两酸两碱系统分析法。
③ 熟悉常见金属离子的鉴定方法。
④ 学会分离含 2～4 种阳离子混合液。

典型例题

例 1 过渡元素为什么比主族元素具有更强的配合性?

解 这是因为过渡元素的离子或原子具有能级相近的价电子轨道 $(n-1)$d、ns、np。这种结构为接受配体的孤电子对形成配位键创造了条件；同时过渡元素的离子半径较小，而$(n-1)$d 轨道一般未填满电子，而 d 电子对核的屏蔽作用较小，因而有较大的有效核电荷数，对配体有较强的吸引力，并对配体有较强的极化作用，所以它们有很强的形成配合物的倾向。

例 2 在酸性溶液中，用足够的 Na_2SO_3 与 MnO_4^- 作用，为什么 MnO_4^- 总是被还原成 Mn^{2+}，而得不到 MnO_4^{2-}、MnO_2 或 Mn^{3+}？

解 在酸性溶液中，Mn 元素电势图如下：

$$E_A^{\ominus}/V \quad MnO_4^- \xrightarrow{+0.564} MnO_4^{2-} \xrightarrow{+2.235} MnO_2 \xrightarrow{+0.95} Mn^{3+} \xrightarrow{+1.488} Mn^{2+} \xrightarrow{-1.17} Mn$$

$MnO_4^- \to MnO_2$：+1.68；$MnO_2 \to Mn^{2+}$：+1.23；$MnO_4^- \to Mn^{2+}$：+1.51

从 Mn 的电势图可知，MnO_4^{2-}、Mn^{3+} 均不稳定，易发生歧化反应：

$$2Mn^{3+} + 2H_2O = Mn^{2+} + MnO_2\downarrow + 4H^+$$

$$3MnO_4^{2-} + 4H^+ = 2MnO_4^- + MnO_2\downarrow + 2H_2O$$

MnO_2 能与足够量的 Na_2SO_3 反应，又将 MnO_2 还原成 Mn^{2+}：

$$MnO_2 + 2H^+ + SO_3^{2-} = Mn^{2+} + SO_4^{2-} + H_2O$$

所以，在酸性介质中，MnO_4^- 的还原产物为 Mn^{2+}。

例 3 用反应式说明下列实验现象：

(1) 向含有 Fe^{2+} 的溶液中加入 NaOH 溶液后生成白色沉淀，逐渐变红棕色；

(2) 过滤后用 HCl 溶液，溶液呈黄色；

(3) 向黄色溶液中加几滴 KSCN 溶液，立即变成血红色，再通入 SO_2，则红色消失；

(4) 向红色溶液中滴加 $KMnO_4$ 溶液，其紫色褪去；

(5) 最后加入黄血盐溶液时，生成蓝色沉淀。

解 (1) $Fe^{2+} + 2OH^- = Fe(OH)_2\downarrow$ 白色（遇 O_2 变蓝绿色）

$4Fe(OH)_2 + O_2 + 2H_2O = 4Fe(OH)_3\downarrow$（棕色）

(2) $Fe(OH)_3 + 3HCl = FeCl_3 + 3H_2O$（黄色）

(3) $Fe^{3+} + 6SCN^- = [Fe(NCS)_6]^{3-}$（血红色）

$2[Fe(NCS)_6]^{3-} + SO_2 + 2H_2O = 2Fe^{2+} + SO_4^{2-} + 4H^+ + 12SCN^-$

(4) $MnO_4^- + 5Fe^{2+} + 8H^+ = 5Fe^{3+} + Mn^{2+} + 4H_2O$

(5) $Fe^{3+} + K^+ + [Fe(CN)_6]^{4-} = KFe[Fe(CN)_6]\downarrow$（蓝色）

例 4 Co^{3+} 的盐一般不如 Co^{2+} 盐稳定，但生成某些配合物时，Co^{3+} 却比 Co^{2+} 稳定，请解释原因。

解 钴的价电子结构为 $3d^74s^2$，当形成简单离子时，由于 d 电子数已过半，失去外层 2 个 s 电子形成 Co^{2+} 相对容易，而再失去 1 个 d 电子形成 Co^{3+} 就较难。另外，Co^{3+} 有很强的氧化性，故 Co（Ⅲ）的盐在水溶液中极不稳定，能溶于水并形成 Co（Ⅱ）的化合物。一般 Co（Ⅲ）盐只存在固态。在形成配合物时，根据价电子构型有：

$$Co^{3+} \quad 3d^64s^0 \qquad Co^{2+} \quad 3d^74s^0$$

Co^{3+} 可以采取 d^2sp^3 的内轨型杂化，形成内轨型配合物；而 Co^{2+} 一般只能进行 sp^3d^2 的外轨型杂化，形成外轨型配合物。所以形成配合物后，Co^{3+} 反而比 Co^{2+} 更为稳定，如 $[Co(NH_3)_6]^{2+}$ 的 $K_{稳}^{\ominus}$ 为 1.29×10^5，而 $[Co(NH_3)_6]^{3+}$ 的 $K_{稳}^{\ominus}$ 为 1.41×10^{35}。

例 5 今有一混合溶液，含有 Ag^+、Cu^{2+}、Al^{3+}、Ba^{2+} 等离子，试分离（以流程图表示）并鉴定，写出有关方程式。

解 鉴定反应：

(1) $AgCl + 2NH_3 = [Ag(NH_3)_2]^+ + Cl^-$

$[Ag(NH_3)_2]^+ + 2H^+ + Cl^- \longrightarrow AgCl\downarrow + 2NH_4^+$

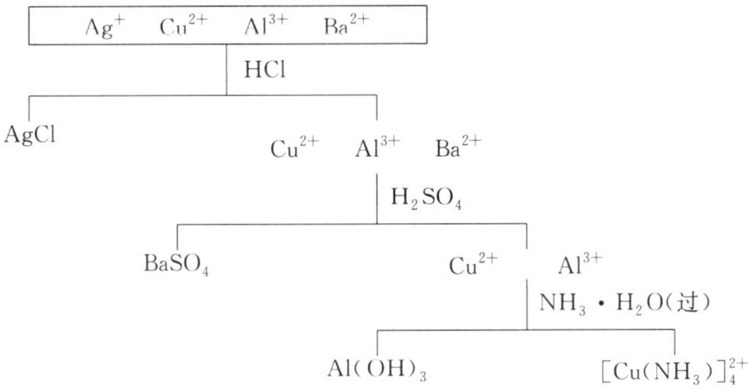

(2) 将 $BaSO_4$ 沉淀以浓 HCl 润湿，用铂丝蘸取，进行焰色反应，火焰呈黄绿色。

(3) 在氨性溶液中，Al^{3+} 与茜素红 S 生成红色螯合物沉淀。

(4) $[Cu(NH_3)_4]^{2+} + 4H^+ \longrightarrow Cu^{2+} + 4NH_4^+$

$2Cu^{2+} + [Fe(CN)_6]^{4-} \longrightarrow Cu_2[Fe(CN)_6]\downarrow$（红棕色）

习题

一、选择题

1. 下列化合物中，不是黄颜色的是（　　）。

A. $BaCrO_4$　　B. Ag_2CrO_4　　C. $PbCrO_4$　　D. PbI_2

2. 欲分离溶液中 Cr^{3+} 和 Zn^{2+}，应加入的试剂为（　　）。

A. 过量 NaOH　　B. 过量 $NH_3 \cdot H_2O$　　C. H_2S　　D. Na_2CO_3

3. 向 $K_2Cr_2O_7$ 溶液中滴加 $BaCl_2$ 溶液，生成的沉淀为（　　）。

A. $BaCr_2O_7$　　B. $Ba(HCr_2O_7)_2$　　C. $BaCrO_4$　　D. $Ba(HCrO_4)_2$

4. 酸性介质中，不能将 Mn^{2+} 氧化为 $KMnO_4^-$ 的是（　　）。

A. $(NH_4)_2S_2O_8$　　B. $NaBiO_3$　　C. $K_2Cr_2O_7$　　D. PbO_2

5. 下列离子中，哪一个由于 d 亚层的电子达到半充满而特别稳定？（　　）

A. Fe^{3+}　　B. Cu^{2+}　　C. Co^{2+}　　D. Cr^{3+}

6. 下列关于过渡元素在化合物中氧化态的说法不妥当的是（　　）。

A. 元素最高氧化态在数值上不一定都等于该元素所在的族数

B. 所有过渡元素在化合物中都处于正氧化态

C. 不是所有过渡元素都有两种或两种以上的氧化态

D. 有些元素的最高氧化数可以超过元素本身的族数

7. 下列叙述对于过渡元素不正确的是（　　）。

A. 它们都是金属

B. 它们的离子大多数有颜色

C. 仅少数可以形成配合物

D. 它们的原子多数有未成对的电子

8. 在 $Al(OH)_3$ 及 $Cr(OH)_3$ 组成的混合物中，用下列哪些办法可将它们分离？（　　）

A. 加氨水

B. 加氢氧化钠溶液

C. 先加氢氧化钠溶液，再加过氧化氢

D. 先加氢氧化钠溶液，再加过氧化氢，最后加入硝酸钡溶液

9. $Zn(OH)_2$ 和 $Fe(OH)_3$ 均为难溶氢氧化物，分离它们必须利用它们的以下哪种性质？（　　）

A. 配合性　　B. 溶解性和氧化还原性

C. 催化性　　D. 酸碱性和氧化还原性

10. 在下列条件下，$KMnO_4$ 反应产物中无气体的是（　　）。

A. 灼烧　　B. 在酸性条件下放置

C. 在酸性条件下与 H_2S 反应　　D. 在中性有 Mn^{2+} 存在的条件下放置

11. 下列四种酸性未知液的定性报告合理的是（　　）。

A. K^+，NO_2^-，MnO_4^-，CrO_4^{2-}　　B. Fe^{2+}，Mn^{2+}，SO_4^{2-}，Cl^-

C. Fe^{3+}，CO_3^{2-}，I^-，Cl^-　　D. $Cr_2O_7^{2-}$，Ba^{2+}，NO_3^-，Br^-

12. 下列离子和过量的 KI 溶液反应只得到澄清的无色溶液的是（　　）。

A. Cu^{2+}　　B. Ag^+　　C. Hg^{2+}　　D. Hg_2^{2+}

13. 下列金属和相应的盐混合，可发生反应的是（　　）。

A. Fe 和 Fe^{3+}　　B. Cu 和 Cu^{2+}　　C. Hg 与 Hg^{2+}　　D. Zn 和 Zn^{2+}

14. 在下列物质中加入 HCl 溶液，能够产生有刺激性气味的黄绿色气体的是（　　）。

A. $Cr(OH)_3$　　B. $Fe(OH)_3$　　C. $Co(OH)_3$　　D. $Mn(OH)_3$

15. 下列新制的沉淀在空气中放置，颜色不发生变化的是（　　）。

A. $Mn(OH)_2$　　B. $Fe(OH)_2$　　C. $Co(OH)_2$　　D. $Ni(OH)_2$

16. 下列物质中，能与 SCN^- 作用生成蓝色配离子的是（　　）。

A. Fe^{2+}　　B. Co^{2+}　　C. Fe^{3+}　　D. Ni^{2+}

17. 在下列氢氧化物中，哪一种既能溶于过量 NaOH，又能溶于氨水？（　　）

A. $Ni(OH)_2$　　B. $Zn(OH)_2$　　C. $Fe(OH)_3$　　D. $Al(OH)_3$

二、填空题

1. 在所有过渡金属中，密度最大的金属是____________，熔点最高的金属是________，熔点最低的金属是________，硬度最大的金属是________，导电性最好的金属是________。（写出元素符号）

2. 检测 Co^{2+} 时，先加少许 NH_4F，是为了________ Fe^{3+}，加 KSCN 溶液和丙酮，生成________色的 $[Co(NCS)_4]^{2-}$。

3. 实验室用作干燥剂的硅胶中常含有 $CoCl_2$，以指示其颜色变化。当硅胶颜色由________色变为________色时，说明硅胶吸水已经达到饱和，需烘干后使用。

4. 完成下列方程式：$3Ag_2S+8HNO_3 =\!=\!=$________________；

$Hg_2^{2+}+2OH^- =\!=\!=$________________。

5. 无色晶体 A 溶于水后加入 HCl 得白色沉淀 B。分离后将 B 溶于 $Na_2S_2O_3$ 溶液得无色溶液 C。向 C 中加入盐酸得白色沉淀混合物 D 和无色气体 E。E 与碘作用后转化为无色溶液 F。向 A 的水溶液中滴加少量 $Na_2S_2O_3$ 溶液立即生成白色沉淀 G，该沉淀由白变黄、变橙、变棕最后转化为黑色，说明有 H 生成。则 A 是__________，B 是__________，C 是__________，D 是__________，E 是__________，F 是__________，G 是__________，H 是__________。

6. A 的水合物为紫色晶体。向 A 的水溶液中加入 Na_2CO_3 溶液有灰蓝色沉淀 B 生成。B 溶于过量 NaOH 溶液得到绿色溶液 C。向 C 中滴加 H_2O_2 得黄色溶液 D。取少量溶液 D 经醋酸酸化后加入 $BaCl_2$，溶液则析出黄色沉淀 E。将 D 用硫酸酸化后通入 SO_2，得到绿色溶液 F。向 A 的水溶液加入硫酸后再加入 KI 溶液，经鉴定有 I_2 生成，同时放出无色气体 G。G 在空气中逐渐变成棕色。A 是__________，B 是__________，C 是__________，D 是__________，E 是__________，F 是__________，G 是__________。

三、完成下列方程式

1. $Cr(OH)_3+3H^+ ===$

2. $Cr(OH)_3+OH^- ===$

3. $3\ [Cr(OH)_4]^-+3H_2O_2+2OH^- ===$

4. $2Cr^{3+}+3S_2O_8^{2-}+7H_2O ===$

5. $K_2Cr_2O_7+H_2SO_4$(浓) ===

6. $Cr_2O_7^{2-}+6Fe^{2+}+14H^+ ===$

7. $Cr_2O_7^{2-}+2Ba^{2+}+H_2O ===$

8. $CrO_4^{2-}+2H_2O_2+2H^+ ===$

9. $2Mn^{2+}+5S_2O_8^{2-}+8H_2O ===$

10. $2Mn(OH)_2+O_2 ===$

11. $2KMnO_4 \overset{\triangle}{===}$

12. $Co_2O_3+6HCl ===$

13. $2Fe^{3+}+H_2S ===$

14. $3Fe^{2+}+2\ [Fe(CN)_6]^{3-} ===$

15. $Cu+4HNO_3$（浓）===

16. $3Cu+8HNO_3$（稀）===

17. $Hg_2^{2+}+2OH^- ===$

18. $HgCl_2+2NH_3 ===$

19. $Fe^{3+}+n SCN^- ===$

20. $4Fe^{3+}+3\ [Fe(CN)_6]^{4-} ===$

四、简答题

1. 某一化合物 A 溶于水得一浅蓝色溶液。在 A 溶液中加入 NaOH 溶液可得浅蓝色沉淀 B。B 能溶于 HCl 溶液，也能溶于氨水。而 A 溶液中通入 H_2S，有黑色沉淀 C 生成。C 难溶于 HCl 溶液而易溶于热的浓 HNO_3。在 A 溶液中加入 $Ba(NO_3)_2$ 溶液，无沉淀产生，而加入 $AgNO_3$ 溶液则有白色沉淀 D 生成，D 溶于氨水。请写出 A～D 所代表的物质。

2. 化合物 A 是白色固体，加热能升华，微溶于水。A 的溶液能发生下列反应：

（1）加入 NaOH 于 A 的溶液中，产生黄色沉淀 B，B 不溶于碱，可溶于 HNO_3；

（2）通 H_2S 于 A 的溶液中，产生黑色沉淀 C，C 不溶于浓 HNO_3，但溶于 Na_2S 溶液，得溶液 D；

（3）加 $AgNO_3$ 于 A 溶液中，产生白色沉淀 E，E 不溶于 HNO_3 中，但溶于氨水中可得到溶液 F；

（4）在 A 的溶液中滴加 $SnCl_2$ 溶液，产生白色沉淀 G，继续滴加 $SnCl_2$，最后得黑色沉淀 H。

试确定 A、B、C、D、E、F、G、H 各为何物？

3. 有一锰的化合物 A，它是不溶于水且很稳定的黑色粉末状物质，该物质与浓硫酸反应则得到无色的溶液 B，有无色气体 C 放出。向 B 溶液中加入强碱，可得白色沉淀 D。此沉淀在碱性介质中很不稳定，易被空气氧化成棕色物质 E。若将 A 与 KOH、$KClO_3$ 一起混合加热，熔融可得到一绿色物质 F。将 F 溶于水并通入 CO_2，则溶液变成紫色 G，且又析出 A。试确定 A、B、C、D、E、F、G 各为何物？

4. 某绿色固体 A 可溶于水，其水溶液中通入 CO_2 即得棕黑色沉淀 B 和紫红色物质 C。B 与浓 HCl 溶液共热时放出黄绿色气体 D，溶液近乎无色。将此溶液和溶液 C 混合，即得沉淀 B。将气体 D 通入 A 溶液，可得 C。试判断 A 是哪种钾盐？

5. 某棕黑色粉末中，加热情况下和浓 H_2SO_4 作用会放出助燃性气体，所得溶液与 PbO_2 作用（稍加热）时会出现紫红色。若再加入 H_2O_2，颜色能褪去。问此棕黑色粉末为何物？

6. 将浅绿色晶体 A 溶于水后加入氢氧化钠和 H_2O_2 并微热，得到棕色沉淀 B 和溶液 C。B 和 C 分离后将溶液 C 加热有碱性气体 D 放出。B 溶于盐酸得黄色溶液 E。向 E 中加 KSCN 溶液有红色的 F 生成。向 F 中滴加 $SnCl_2$ 溶液则红色褪去，F 转化为 G。向 G 中滴加赤血盐溶液有蓝色沉淀生成。向 A 的水溶液中滴加 $BaCl_2$ 溶液有不溶于硝酸的白色沉淀 H 生成。写出 A～H 所代表的主要化合物或离子。

7. 蓝色化合物 A 溶于水得粉红色溶液 B。向 B 中加入过量的氢氧化钠溶液得粉红色沉淀 C。用次氯酸钠溶液处理 C 则转化为黑色沉淀 D。洗涤、过滤后将 D 与浓盐酸作用得蓝色溶液 E。将 E 用水稀释后又得粉红色溶液 B。请写出 A～E 所代表的物质。

8. 混合溶液 A 为紫红色。向 A 中加入浓盐酸并微热得蓝色溶液 B 和气体 C。A 中加入 NaOH 溶液则得棕黑色沉淀 D 和绿色溶液 E。向 A 中通入过量 SO_2 则溶液最后变为粉红色溶液 F，向 F 加入过量氨水得白色沉淀 G 和棕黄色溶液 H。G 在空气中缓慢转变为棕黑色沉淀。将 D 与 G 混合后加入硫酸又得溶液 A。写出 A～H 所代表的主要化合物或离子。

9. 某溶液 A 滴加 NaOH 后生成苹果绿色沉淀 B，B 能被 NaClO 氧化成黑色沉淀 C，C 与浓 HCl 反应放出气体 D，D 可使淀粉-KI 试纸变蓝，B 也可以溶于氨水，生成蓝色溶液 E。请写出 A～E 所代表的物质。

10. 有一种固体可能含有 $AgNO_3$、CuS、$ZnCl_2$、$KMnO_4$、K_2SO_4。固体加入水

中，并用几滴盐酸酸化，有白色沉淀 A 生成，滤液 B 是无色的。白色沉淀 A 能溶于氨水。滤液 B 分成两份：一份加入少量 NaOH 后有白色沉淀生成，再加入过量 NaOH 时，沉淀溶解；另一份加入少量氨水后有白色沉淀生成，再加入过量氨水时，沉淀也溶解。根据上述实验现象，指出哪些物质肯定存在，哪些物质肯定不存在，哪些物质可能存在。

习题答案

一、选择题

1. B　2. B　3. C　4. C　5. A
6. B　7. C　8. D　9. A　10. CD
11. B　12. C　13. C　14. C　15. D
16. B　17. B

二、填空题

1. Os；W；Hg；Cr；Ag
2. 掩蔽；天蓝
3. 蓝；粉红
4. $6AgNO_3+2NO\uparrow+3S\downarrow+4H_2O$；$HgO\downarrow+Hg\downarrow+H_2O$
5. $AgNO_3$；AgCl；$[Ag(S_2O_3)_2]^{3-}$；AgCl+S；SO_2；H_2SO_4；$Ag_2S_2O_3$；Ag_2S
6. $Cr(NO_3)_3$；$Cr(OH)_3$；$[Cr(OH)_4]^-$；CrO_4^{2-}；$BaCrO_4$；$Cr_2(SO_4)_3$；NO

三、完成下列方程式

1. $Cr(OH)_3+3H^+ = Cr^{3+}+3H_2O$
2. $Cr(OH)_3+OH^- = [Cr(OH)_4]^-$
3. $2[Cr(OH)_4]^-+3H_2O_2+2OH^- = 2CrO_4^{2-}+8H_2O$
4. $2Cr^{3+}+3S_2O_8^{2-}+7H_2O = Cr_2O_7^{2-}+6SO_4^{2-}+14H^+$
5. $K_2Cr_2O_7+H_2SO_4$(浓) $= 2CrO_3\downarrow+K_2SO_4+H_2O$
6. $Cr_2O_7^{2-}+6Fe^{2+}+14H^+ = 2Cr^{3+}+6Fe^{3+}+7H_2O$
7. $Cr_2O_7^{2-}+2Ba^{2+}+H_2O = 2BaCrO_4\downarrow+2H^+$
8. $CrO_4^{2-}+2H_2O_2+2H^+ = CrO(O_2)_2+3H_2O$
9. $2Mn^{2+}+5S_2O_8^{2-}+8H_2O = 2MnO_4^-+10SO_4^{2-}+16H^+$
10. $2Mn(OH)_2+O_2 = 2MnO(OH)_2\downarrow$
11. $2KMnO_4 \stackrel{\triangle}{=} K_2MnO_4+MnO_2+O_2\uparrow$
12. $Co_2O_3+6HCl = 2CoCl_2+Cl_2\uparrow+3H_2O$
13. $2Fe^{3+}+H_2S = 2Fe^{2+}+S\downarrow+2H^+$
14. $3Fe^{2+}+2[Fe(CN)_6]^{3-} = Fe_3[Fe(CN)_6]_2\downarrow$
15. $Cu+4HNO_3$(浓) $= Cu(NO_3)_2+2NO_2\uparrow+2H_2O$
16. $3Cu+8HNO_3$(稀) $= 3Cu(NO_3)_2+2NO\uparrow+4H_2O$
17. $Hg_2^{2+}+2OH^- = HgO\downarrow+Hg\downarrow+H_2O$
18. $HgCl_2+2NH_3 = Hg(NH_2)Cl\downarrow+NH_4Cl$
19. $Fe^{3+}+nSCN^- = [Fe(NCS)_n]^{3-n}$ ($n=1\sim6$)

20. $4Fe^{3+} + 3[Fe(CN)_6]^{4-} = Fe_4[Fe(CN)_6]_3$

四、简答题

1. A. $CuCl_2$　B. $Cu(OH)_2$　C. CuS　D. $AgCl$
2. A. $HgCl_2$　B. HgO　C. HgS　D. HgS_2^{2-}
   E. $AgCl$　F. $[Ag(NH_3)_2]^+$　G. Hg_2Cl_2　H. Hg
3. A. MnO_2　B. $MnSO_4$　C. O_2　D. $Mn(OH)_2$
   E. $MnO(OH)_2$　F. K_2MnO_4　G. $KMnO_4$
4. A. K_2MnO_4
5. MnO_2
6. A. $(NH_4)_2SO_4 \cdot FeSO_4 \cdot 6H_2O$
   B. $Fe(OH)_3$　C. $NH_3 \cdot H_2O$　D. NH_3
   E. $FeCl_3$　F. $[Fe(NCS)_n]^{3-n}$　G. $FeCl_2$　H. $BaSO_4$
7. A. $CoCl_2$　B. $[Co(H_2O)_6]^{2+}$　C. $Co(OH)_2$　D. $Co(OH)_3$
   E. $[CoCl_4]^{2-}$
8. A. $MnO_4^- + Co^{2+}$
   B. $[CoCl_4]^{2-}$　C. Cl_2　D. $Co(OH)_3$　E. MnO_4^{2-}
   F. $Mn^{2+} + Co^{2+}$　G. $Mn(OH)_2$　H. $[Co(NH_3)_6]^{2+}$
9. A. Ni^{2+}　B. $Ni(OH)_2$　C. $Ni(OH)_3$　D. Cl_2
   E. $[Ni(NH_3)_6]^{2+}$
10. 肯定存在的：$AgNO_3$、$ZnCl_2$
    肯定不存在的：$KMnO_4$、CuS
    可能存在的：K_2SO_4